U0826743

畜禽养殖科技明白纸系列丛书

肉鸡、蛋鸡

ROUJI DANJI

畜禽养殖科技明白纸系列丛书编委会　编

甘肃科学技术出版社

图书在版编目（CIP）数据

肉鸡、蛋鸡 / 畜禽养殖科技明白纸系列丛书编委会编. -- 兰州 : 甘肃科学技术出版社, 2019.12
ISBN 978-7-5424-2719-9

Ⅰ.①肉… Ⅱ.①畜… Ⅲ.①肉用鸡—饲养管理②卵用鸡—饲养管理 Ⅳ.①S831.4

中国版本图书馆CIP数据核字(2019)第285917号

肉鸡、蛋鸡

畜禽养殖科技明白纸系列丛书编委会　编

责任编辑　韩　波
装帧设计　王曦莹

出　版　甘肃科学技术出版社
社　址　兰州市读者大道568号　730030
网　址　www.gskejipress.com
电　话　0931-8120127(编辑部)　0931-8773237(发行部)
京东官方旗舰店　https://mall. jd. com/index-655807.html

发　行　甘肃科学技术出版社　　印　刷　兰州人民印刷厂
开　本　889毫米×1194毫米 1/16　　印　张　5.5　字　数　90千
版　次　2020年9月第1版
印　次　2020年9月第1次印刷
印　数　1~3000
书　号　ISBN 978-7-5424-2719-9　定　价　19.80元

编委会

前　言

随着农业农村改革的不断深化，农业生产投入方式、组织方式和生产经营方式发生了深刻变化，应对农村生产力和生产关系变革，迫切需要解决农业后继乏人的问题，迫切需要解决从业农民技能提高的问题。因此，开展新型职业农民培训已成为当前“三农”工作中一项重要而紧迫、长期而艰巨的重大任务。近年来，国家把农民培训确定为农业工作的重点之一，整合资源、集中力量、大力推进，极大地调动了农民学科技、用科技的积极性，不仅推广普及了先进实用技术，而且还带动了农民创业就业，培养造就了一大批种养专业户、科技示范户、合作社骨干、农村致富带头人、农技能手等生产经营服务人才，促进了农业增效、农民增收，推动了农业农村经济持续较快发展。

为了进一步满足广大农民学科技、用科技的需求，加大新型职业农民的培育力度，推广先进实用技术，我们组织农业技术推广单位的百余专家和农技人员，按照实际实用、通俗易懂和应知应会的原则，从农业生产实际出发，紧紧围绕优势产业和特色产品，以畜禽养殖关键生产技术和疫病防控技术为重点，并对近年来突发、高发的高致病性禽流感、非洲猪瘟、口蹄疫、布鲁氏菌病等疫病的防控方法进行了详细的介绍，以贴近农民生活、通俗易懂的语言，配以直观形象、简单明了的图片编撰了《畜禽养殖科技明白纸系列丛书》，并邀请科研院所和基层农技推广专家进行了审定。

真诚希望我们编撰的这套丛书能够帮助广大农民学习新知识、运用新技术、汲取新营养，努力打造一支有知识、懂技术、会经营、善创新的新型农民，为现代农业发展提供强有力的人才支撑。希望广大农业工作者切实增强服务农业、服务农民的责任心，自觉推广普及农业科技知识，着力培育现代农业生产经营人才，让农业成为有奔头的产业，让农民成为体面的职业。

编委会

2019 年 10 月

目　录

国外引进的快大型肉鸡

1. 艾维茵

艾维茵是我国养殖范围较大的肉鸡品种，也是甘肃省目前饲养量最大的肉鸡品种。肉鸡羽毛为白色，体型饱满，胸宽、腿短、黄皮肤，具有增重快、成活率高、饲料报酬高的优良特点。6~8周龄出栏，商品代鸡42日龄平均体重2180克，料肉比1.84:1；49日龄平均体重2680克，料肉比1.98:1；56日龄平均体重3150克，料肉比2.12:1。

2. 爱拔益加(AA)

爱拔益全国各地均有分布。肉鸡羽毛为纯白色，皮肤和脚为黄色，生长发育速度快，饲养周期短，饲料转化率高，耐粗饲，适应性和抗病力强，胸部、腿部肌肉丰满，屠体品质好。6-7周龄出栏，商品代鸡42日龄平均体重2440克，料肉比2.24:1；49日龄平均体重3040克，料肉比2.59:1。

3. 罗斯-308肉鸡

罗斯-308肉鸡全身羽毛均为白色，体型呈丰满的元宝形；单冠，冠叶较小，冠、脸、肉垂与耳叶均为鲜红色；皮肤与胫部为黄色。眼睛虹膜为褐(黑)色，这一点是区别隐性白羽和白化变异的重要特征。突出特点是体质健壮，成活率高，增重速度快，出肉率和饲料转化率高。商品肉鸡适合全鸡、分割和深加工之需，畅销世界市场，是我国重要的引进品种。商品代鸡42日龄平均体重2625克，料肉比1.75:1；49日龄平均体重3264克，料肉比1.92:1。

4. 科宝500肉鸡

科宝500肉鸡体型大，胸深背阔，单冠直立，脚高而粗，全身白羽，生长快，均匀度好，肌肉丰满，肉质鲜美。40～45日龄可达上市体重，体重2000克以上，全期成活率95.2%。商品代鸡42日龄平均体重2630克，料肉比1.76:1；49日龄平均体重3180克，料肉比1.90:1。在我国的广东省和河南省有一定的饲养规模。

5. 明星肉鸡

明星肉鸡属快大型肉鸡，但与其他品种肉鸡相比，具有体形小，饲料消耗低，饲养密度大，出栏率高等特点，适合肉用仔鸡集约化、工厂化生产和农村专业户养殖，7周龄出栏。商品代鸡42日龄平均体重1560克，料肉比1.80:1；49日龄平均体重1950克，料肉比1.95:1，成活率98%。

6. 安卡红鸡

安卡红是生长速度最快的有色羽肉鸡之一，体貌黄中偏红，部分鸡颈部和背部有麻羽。胫趾为黄色，黄皮肤，黄喙。单冠，公、母鸡冠齿以6个居多，肉髯、耳叶均为红色，较大、肥厚。体型较大、浑圆。具有适应性强、耐应激、长速快、饲料报酬高等特点。42日龄体重达2001克，料肉比1.75:1；49日龄体重达2405克，料肉比1.94:1；8周龄体重达2875克，料肉比2.15:1。与国内的地方鸡种杂交有很好的配合力，安卡红可在全国各地区饲养，适宜集约化养鸡场、规模鸡场、专业户和农户饲养。

我国自主培育的优质肉鸡品种(上)

1.岭南黄鸡

岭南黄鸡是黄羽肉鸡优良品种，广东省农科学院畜牧研究所培育，主要配套系：1号中速型、2号快大型、3号优质型，2号的生长速度和饲料转化率极佳，达到国内领先水平。

岭南黄鸡1号配套系商品代肉鸡为快羽、三黄、胸肌发达、胫较细、单冠、性成熟早。公鸡45日龄体重1580克，母鸡45日龄体重1350克，公母平均料肉比2.00:1。

岭南黄鸡2号配套系商品代肉鸡为黄胫、黄皮肤，体型呈楔形，单冠，快长，早熟；并可羽速自别雌雄，公鸡为慢羽，羽毛呈金黄色，母鸡为快羽，全身羽毛黄色，部分鸡颈羽、主翼羽、尾羽为麻黄色。公鸡42日龄体重1530克，母鸡42日龄体重1275克，公母平均料肉比1.83:1。

岭南黄鸡3号配套系均为慢羽，正常体型，三黄，含胡须髯羽，单冠、红色，早熟，身短、胸肌饱满。公鸡羽色为金黄色，母鸡羽色为浅黄色。公鸡80~90日龄体重1150~1250克，料肉比(2.7~3.0):1。母鸡110~120日龄体重1250~1350克，公母平均料肉比(3.9~4.2):1。

2.苏禽黄鸡

苏禽黄鸡是江苏省家禽科学研究所培育成的优质黄鸡品种，为满足不同区域、不同市场对黄鸡的消费需求，培育了苏禽黄鸡快大型、优质型、青脚型3个配套系，并于2000年12月通过江苏省畜禽品种审定委员会的审定，苏禽黄鸡父母代68周产蛋180个，商品代饲养42日龄成活率98.50%，平均体重1650克，料肉比1.85:1。

快大型，羽毛黄色，颈、翅、尾间有黑羽，羽毛生长速度快，商品代60日龄体重公鸡1700克、母鸡1400克，料肉比为2.5:1。

优质型，生长速度快，羽毛麻色，似土

种鸡，肉质优，适合于要求40多天、体重在1千克左右上市的饲养户生产。8周龄平均体重1039克，料肉比为2.41:1。

青脚型以我国地方鸡种为主要血缘，分别选育、配套而成。其羽毛麻黄或黄色，脚青色，生长速度中等，肉质风味特优，是典型的仿土种鸡品系。8周龄上市体重1332克，料肉比为2.43:1。在河南、安徽、四川、江西等省有较大市场。

3. 京星黄鸡

京星黄鸡是由中国农业科学院北京畜牧兽医研究所培育的优质黄鸡系列配套系，包括“京星黄鸡100”配套系和“京星黄鸡102”配套系，已于2002年通过国家家禽品种审定委员会审定。该品系父母代母本含有矮小型基因，繁殖性能高，节省饲养空间和饲料10%~15%。其中，“京星黄鸡100”配套系商品代肉鸡为矮脚型，80~90日龄上市，体型宽大，皮下脂肪均匀，胸肌肌内脂肪含量达到3.6%，商品鸡60日龄公、母鸡平均体重1500克，料肉比2.10:1；“京星黄鸡102”配套系商品代为正常型，56~63日龄上市，适应性强，成活率高，商品鸡50日龄公、母鸡平均体重1500克，料肉比2.03:1。

我国自主培育的优质肉鸡品种(中)

1.金陵黄鸡

广西金陵养殖有限公司培育,属肉用型配套系,2009年通过国家畜禽品种审定委员会新品种(配套系)审定。公鸡颈羽金黄色,尾羽黑色有金属光泽,主翼羽、背羽、鞍羽、腹羽均为红黄色或深黄色;冠、肉垂、耳叶鲜红色;喙、胫、皮肤皆呈黄色;冠大,胫细长。母鸡颈羽、主翼羽、背羽、鞍羽、腹羽均为黄色或深黄色,尾羽尾部黑色;冠、肉垂、耳叶鲜红色,喙、胫、皮肤呈黄色,胫细长。公、母雏鸡绒毛呈黄色。金陵黄鸡商品代公鸡出栏日龄为70天,出栏体重为1730~1850克,料肉比为2.3~2.5:1;母鸡出栏日龄为80天,出栏体重为1650~1750克,料肉比为2.5~3.3:1。全期公、母鸡饲养成活率95%以上。

2.江村黄鸡

江村黄鸡是由广州市江丰实业有限公司(原广州江村家禽企业发展公司)培育的优质鸡系列配套系,公司经过10多年的个体选育、品系杂交配套试验培育出来的优质黄鸡新品种,该鸡具有香港石歧鸡和本地土种鸡的优点。为了适应不同市场、不同客户的需要,江村黄鸡分JH—1号(优质型)、JH—2号(快速型)和JH—3号(中速型)等。其中JH—2号和JH—3号已于2000年通过国家家禽品种审定委员会审定。

江村黄鸡在大品类上属三黄鸡,在颜色表现上,鸡嘴、鸡脚、鸡毛、皮肤呈现黄

金陵黄鸡

色。形体方面，江村黄鸡体型短而宽，头部较小，鸡冠饱满、鲜红、直立无下垂，嘴部较短。而全身的毛十分紧实，尤其是羽毛的色泽鲜艳呈金黄色，也有羽毛是亮黑色，多分布于鸡尾。

JH-1号公鸡63日龄平均体重为1.25千克，料肉比2.4∶1；母鸡90日龄平均体重为1.4千克，料肉比3.2∶1。

JH-2号公鸡63日龄平均体重为1.8千克，料肉比2.2∶1；母鸡90日龄平均体重为2千克，料肉比2.8∶1。

JH-3号公鸡63日龄平均体重为1.5千克，料肉比2.3∶1；母鸡90日龄平均体重为1.8千克，料肉比3.0∶1。

3. 清远麻鸡

清远麻鸡原产于广东省清远市清新县。清远市保种场进行原产地保护，国家

级地方鸡种基因库（江苏）于2000年引种进行异地保护。因其背侧羽毛有细小黑色斑点，故称麻鸡。它以体型小、皮下和肌间脂肪发达、皮薄骨软而著名，素为我国活鸡出口的小型肉用鸡之一。其体型特征可概括为"一楔"、"二细"、三麻身"。"一楔"指母鸡体型象楔形，前扼紧凑，后躯圆大"二细"指头细、脚细；"三麻身"指母鸡背羽面主要有麻黄、麻棕、麻褐三种颜色。农家饲养以放牧为主，在天然食饵较丰富的条件下，其生长较快，120日龄公鸡体重为1250克，母鸡为1000克，但一般要到180日龄才能达到肉鸡上市体重，而肉鸡上市饲养期长达130～160天。

我国自主培育的优质肉鸡品种（下）

1. 凤翔青脚麻鸡

是由广西凤翔集团畜禽食品有限公司选育的麻鸡新品种“凤翔青脚麻鸡”配套体系，2011年通过了国家审定。属快大型青脚鸡，青脚红冠黄肉，体型大，羽毛黄麻色，光亮紧贴。体型特征可概括为“一楔、二细、三麻身”，肉质细嫩，营养价值高，具有山区“土鸡”的特色，其生长速度与抗病力尤其突出，从幼苗到成鸡均匀度较好，配套系综合了快速黄羽肉鸡的生长速度和隐性白羽鸡的繁殖性能以及本地青脚鸡的遗传青色胫基因，适合山区散养。商品代70日龄出栏，公鸡出栏体重为2400克，母鸡出栏体重为1900克，平均料肉比为2.7:1。

2. 金陵麻鸡

是由广西金陵农牧集团有限公司培育的肉用型配套系，2009年通过国家畜禽品种审定委员会新品种（配套系）审定。金陵麻鸡羽毛呈麻色、麻黄、麻黑等颜色，冠、肉垂、耳叶鲜红色，喙青色、褐色或黄褐色，胫、趾青色；皮肤白色。商品代鸡出栏日龄为65天，公鸡出栏体重为2000～2150克，料肉比为(2.2～2.3):1；母鸡出栏体重为1850～1950克，料肉比为(2.3～2.5):1。65日龄公母平均出栏体重为1950～2100克，料肉比为(2.2～2.4):1，饲养成活率96%以上。

3. 新广铁脚麻鸡

由佛山市高明区新广农牧有限公司培育的快长型麻羽鸡三系配套系。通过培育既保留了当地土鸡黑嘴黑脚、肉质好的特性，还提高了生长速度、出肉率等指标，又有法系鸡的品质。在2011年7月通过了国家畜禽遗传资源委员会的审定，获得了新品种证书。商品代肉鸡生长速度快、饲料转化率高、整齐度好、抗病力强。63日龄上市，成活率98%以上，公鸡平均体重2350克，胫长6.5~6.7厘米，羽毛红褐色，青脚；母鸡平均体重1950克，胫长平均5.9~6.3cm，麻羽，青脚，料肉比为2.30:1，羽毛紧凑发亮，胸腿肌发达，外观呈矩形。

4. 崇仁麻鸡

崇仁麻鸡是江西省崇仁县地方鸡种，蛋肉兼用型，成熟早、体重轻、蛋的品质好、

成鸡骨骼纤细，具有显著的“三高一低”特点，即可食部分、氨基酸及维生素含量高，胆固醇含量低微。崇仁麻鸡还是中国最宝贵的矮小型基因库，被中科院确定为中国很有发展前途的地方优良品种。该品种觅食力强、抗逆性好、肉质细嫩、肉鲜味美。母鸡分黄麻和黑麻两种羽色，单冠，羽毛紧凑，喙、趾呈铁青色，冠与肉垂呈鲜红色。公鸡羽毛棕红色，尾羽黑绿色，胸腹部羽毛红中带黑，单冠直立而红润，肉髯长而薄，体型呈菱形。90至120日龄出栏，成年公鸡平均体重1650克，母鸡平均体重1200克。平均开产日龄157天。500日龄平均产蛋数180个，平均蛋重54克。蛋壳浅褐色。

鸡舍的选址与布局

1. 场址的确定

鸡场选址应符合《动物防疫条件审查办法》的规定，所处位置要交通便利，道路平坦，有硬化路面的专用道直通到场，但又不可离公路的主干线太近，一般最少要距离主干线500米以上。地势要高燥，避风向阳，排水便利；水源稳定充足，水质符合国家饮用水标准。场区周围环境要安静，远离居民区和大型工厂加工区等。蛋鸡场址的选择是否合理，对建设投资、鸡群的生产性能、健康状况、生产效率及经济效益等都有巨大的影响。因此，必须按照建场的原则要求，并根据地方资源的分布情况和地方条件的可能性，综合考虑，合理定位。

2. 鸡场布局

对于中、小规模的养鸡场，由于建筑物的种类和数量较少，布局比较方便。而对于一些大型综合性鸡场，由于建筑物的种类较多，布局要求就很高。但不管建筑物的种类和数量多与少，都必须合理布局，才能经济有效地发挥各类建筑物的作用。

总体原则：鸡场布局应从便于防疫和组织生产考虑，场区的分区分为生活区、办公区、辅助生产区、生产区、污粪处理区等区域。

排列原则：按主导风向，地势高低及水流方向为原则进行布局。如地势与风向不一致时，则以主导风向为主；鸡舍朝向采用东西走向或南偏东（或西）15度左右，以利于提高冬季舍温和避免夏季太阳辐射，利用主导风向，改善鸡舍通风条件为原则；鸡舍间距，育雏育成舍10~20米，蛋鸡舍10~15米。

道路分布：道路分为净道和污道。净道作为场内运输饲料、运输鸡群和鸡蛋的道路，污道作为运输粪便、死鸡和病鸡的道路，两条道路不能有交叉。

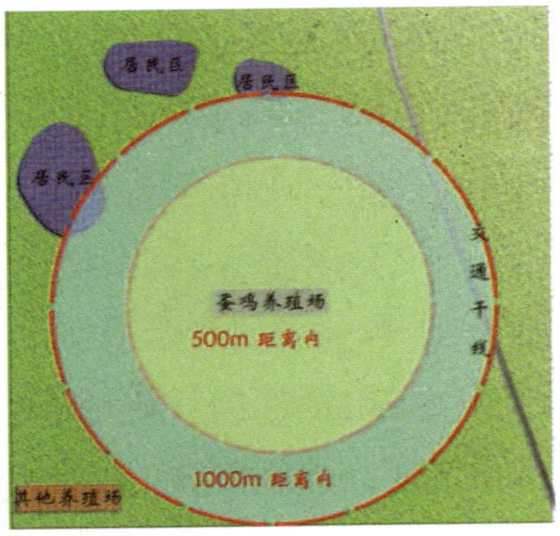

养殖场选址示意图

鸡舍建筑

鸡舍等建筑是饲养蛋鸡的重要条件之一。科学、合理地规划蛋鸡场，搞好鸡舍的建造，有利于日常的饲养管理和防疫工作的进行，有利于提高劳动效率和蛋鸡的生产性能，从而降低养鸡场成本，增加经济效益。

1. 基础设施

鸡场要有稳定的洁净水源，水质应达到《无公害食品畜禽饮用水水质标准》，电力供应有保障，交通便利，有专用车道直通到场。

2. 适度规模

通常建议单场存栏规模1万～5万只。规模过大，不利于全进全出，增加管理难

度；规模过小，增加技术、管理成本在总成本中的比例，效益降低。1万～5万只的养殖规模是我国目前蛋鸡养殖的主要趋势，小规模被逐步淘汰，超大规模一次性投资太大。

3. 分散布局

能否控制疫病传播已成为蛋鸡养殖效益好坏的关键，布局密集的养殖小区模式由于防疫难度大而被否定。现提倡适度分散布局，各鸡场间保持适度间距，有利于建立生物安全体系，提高防疫效果，降低疫病风险。

4. 鸡舍类型

主要推荐有窗开放式、封闭式两种鸡

半开放式鸡舍

封闭式鸡舍

舍，其中封闭式鸡舍使用效果最好，如果有条件最好建封闭式鸡舍。有窗开放式鸡舍造价相对低廉，日常生产中可充分利用自然光照和自然通风，节约生产用电，生产运行成本相对于封闭式鸡舍低。但开放式鸡舍易受外界环境条件影响，鸡舍保温隔热性能不如封闭式鸡舍，生产水平如饲料报酬、产蛋性能、成鸡死淘率等技术指标不如封闭式鸡舍优良。封闭式鸡舍日常生产运行成本虽高，但鸡舍小气候控制得好，鸡舍内空气质量好，鸡群生活环境适宜，生产水平高，死淘率低。

舍内布局开放式鸡舍可采用2列3走道、3列4走道。封闭式鸡舍可采用3列4走道、4列5走道布局。配套笼具可用3层阶梯式、4层阶梯式或4层层叠式。

鸡舍设施设备

1.配套设备

设备对日常的饲养管理、产品数量和质量、生产安全、劳动功效、投资和生产费用有密切的关系。因此，为了利于养鸡生产和便于管理，各种养鸡设备应符合如下基本要求：轻巧灵活，体积小，易搬动；转动平稳，无噪声，响声轻微；调节方便，容易操作；结构简单，易于修理；节省能源，安全可靠；便于消毒，经济耐用。常用养鸡设备有：供暖设备、通风设备、供水设备、喂料设备、集蛋设备、清粪设备、笼具及光照设备等。通常情况下建议热风炉保温育雏、乳头饮水、机械喂料、机械清粪、风机湿帘降温，此外大中型标准化鸡场还须配备应急发电设备。

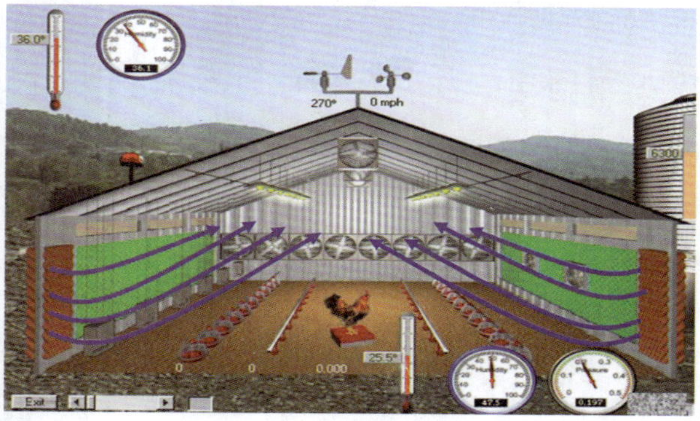

通风系统

水帘

雏鸡料盘

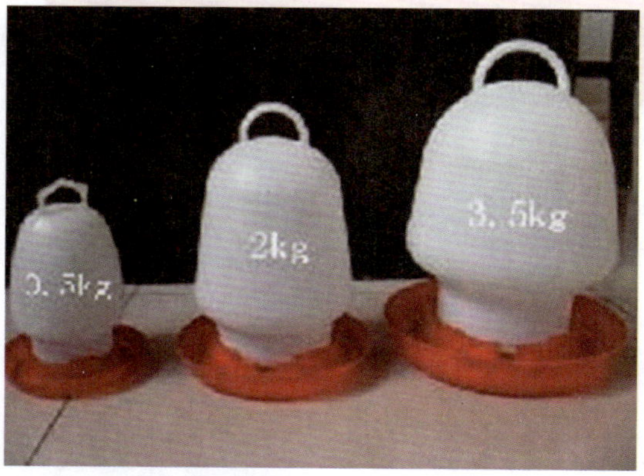

雏鸡饮水器

行走式喂料系统

2. 辅助设施

(1) 更衣消毒室进出鸡舍的人员换穿不同的专用橡胶长靴，进鸡舍应洗手消毒并穿戴消毒过的工作衣帽。

(2) 要有兽医室对病鸡作常规的细菌学检查和血清学检查，结合流行病学、临床症状和病理解剖作出快速而准确的诊断，对某些传染病定期进行抗体监测。

(3) 有专用蛋库蛋库贮存条件：温度12℃～15℃，相对湿度75%。

消毒柜

标准化蛋鸡场蛋库

肉鸡进雏前准备

1.鸡舍及设备的检查、安装与维修

鸡舍应保持良好的保温性能，不透风、不漏雨、不潮湿。无论是新建鸡舍，还是养过鸡的旧舍，在进鸡之前都要对鸡舍的门窗、屋顶、墙壁等进行检查和维修，堵塞门窗缝隙鼠洞，特别注意防止贼风吹入。

饲养设备应充足完好。进鸡前对饲养设备进行认真的安装、检查和调试，发现有破损的及时修复或更新。尤其对破损的网垫要及时修理，以防刺伤雏鸡。网上平养要安装棚架、塑料网和护围，挂好温度计和湿度计，安装好食盘和饮水器，并且要求数量充足、高低合适、布局合理。采用保温伞育雏的将保温伞安装在适当位置，离地45厘米，伞外围60～150厘米处安装护围。护围可用镀锌铁板、胶合板、铁丝网均可。装好后，逐个检查设备的完好性，再进行反复调试。采用炉子、烟道育雏的，应事先搭好并试烧2～3天，看其能否达到要求温度。有否倒烟、漏烟现象。如果使用排风扇、热风炉等均要事先检查，发现问题，及时维修，以免造成经济损失。

2.鸡舍及设备的清理与消毒

目前养鸡业面临的最大威协仍然是疾病，鸡群周转必须实行“全进全出”制，以实现防病和净化的要求，同一批鸡转走后，在下一批鸡进舍2周前要对鸡舍及设备进行检修与彻底消毒。具体方法是：将饲养设备搬到舍外（料桶、饮水器、灯泡、温度计等其他设备）；彻底清除鸡舍粪便和垫料，鸡舍顶棚、墙壁和门窗等都要清扫，鸡舍内鸡粪、羽毛、灰尘等全部清理干净；地面和墙壁及所有饲养设备用高压自来水喷雾器彻底冲洗，清除地面积水和设备上的污物；鸡舍内和设备干燥后，将饲养用具及设备搬进鸡舍，关闭门窗和通风口，对鸡舍顶棚、墙壁、地面及网床选用3%热火碱水或其他高效、无腐蚀性的消毒药进行喷洒消毒；堵严所有通风口，在鸡舍中间过道每隔10米放一个熏蒸盆，熏蒸时福尔马林毫升数与高锰酸钾克数之比为2:1，具体数量按每立方米空间用福尔马林、高锰酸钾42毫升+21克的用量进行熏蒸，先将高锰酸钾放到盆内再加入等量的清水，用木棒搅拌至湿润，然后，从距舍门最远的盆开始依次迅速倒入福尔马林。操作完成后，出舍将门封严，密闭熏蒸消毒24小时后开窗通风，换气。

鸡舍在熏蒸消毒时，福尔马林与高锰酸钾混合后反应剧烈，一般可持续10到30分钟，且两种药品反应可产生大量热量，因此一定要注意不能使用塑料盆容器以防发生火灾，盛装药品的容器应尽量大一些，以免福尔马林气化时溢出容器外面，一般要求容器大小不小于福尔马林溶液体积的4倍。鸡舍内温度达26℃以上、相对湿度达75%以上时，消毒效果最好。用于熏蒸的容器应尽量离门近一点，以便人操作后迅速撤离，切忌往福尔马林溶液中加入高锰酸钾造成灼烧危险。

3. 预热试温

雏鸡进舍前2~3天要安装好育雏增温设备，并进行舍内试加热，使其达到标准要求，并检查能否恒温，以便及时调整。进雏前育雏舍内温度要求预温至32℃~35℃。同时要通风换气，有利于舍内温、湿度的调节和舍内空气卫生等其他良好环境的保持。

4. 备足饲料与垫料

根据白羽肉鸡和黄羽肉鸡饲养周期，如果饲养的是白羽肉鸡，进雏之前要备好育雏前期（1~20日龄）、育雏中期（21~48日龄）、育成期（49~56天）整个饲养期的全部配合料，饲料的选择要注意选市场占有量大，质量信得过的产品。自行配制饲料要准备好各种饲料原料，以确保饲养期内供应及时，质量可靠。具体用料量按每只鸡从进雏到出栏全程（0～56日龄）5~6千克配合饲料估算。采用垫料平养的，可根据本地实际情况选择清洁卫生、干燥柔软，灰尘少、吸水强的优质垫料，绝对禁止使用发霉的垫料。垫料的用量可按每平方米地面4~6千克准备，以满足日常铺垫和更换时用，垫料铺设厚度为10~15厘米。垫料与鸡舍一起消毒。如果饲养的是黄羽肉鸡则应准备育雏期的饲料即可。

地面平养，育雏期垫料选择麦秸、稻壳、木刨花等一些吸水性能好、稀释粪便性能好、松软的垫料。将垫料均匀平铺在地面，防止露出地面，饲养过程中垫料要经常抖动，及时更换或晾晒潮湿的垫料，经常保持干净干燥，松软。

5. 准备疫苗和药品

根据免疫程序准备好本批养鸡需要的各种疫苗，通常主要用鸡新城疫、法氏囊、支气管炎等疫苗。消毒药常用高锰酸钾、福尔马林、来苏儿、火碱、新洁尔灭、次氯酸钠、百毒杀、乙醇、生石灰等，这些药根据其作用交替使用。此外，还要准备预防和治疗消化道、呼吸道有关疾病的常用药物。

雏鸡的选择与运输

1.雏鸡选择

雏鸡一定要从具有生产经营许可证、质量信得过的种鸡场购买，这些种鸡场种鸡来源清楚，饲养管理严格，出售的雏鸡一般都是合格的。

雏鸡品种一般都选择生长速度快、成活率高、饲养时间短、饲料转化率高、品质好的优良品种。

健康雏鸡的选择可归纳为“看、听、摸、问”四个字。健康的雏鸡应大小均匀一致、反应灵敏、性情活泼、无畸形、无腹脐部闭合不良和脐部感染的症状。

看：观察鸡的精神状态。健康雏鸡活泼好动、眼亮有神、羽毛光滑整洁、腹部收缩良好。弱雏通常缩头闭眼、站立不稳、羽毛蓬乱、腹部松弛无毛或脐部闭合不好。

听：听雏鸡的叫声。健康雏鸡叫声宏亮清脆。弱雏叫声微弱、嘶哑、或鸣叫不休、有气无力。

摸：随机抽取一雏鸡，触摸雏鸡的体温、腹部等。将雏鸡握于掌中，若感到温暖、体态均称、腹部柔软平坦、挣扎有力便是健雏。若感到鸡身较凉、瘦小、轻飘、挣扎无力、腹大或愈合不良的是弱雏。

问：询问种蛋来源，孵化情况及马立克氏疫苗注射情况等。

2.雏鸡运输

最佳运输时间是在雏鸡绒毛干燥后，至出壳24小时内运输，最长不超过48小时。运输过程中要预防挤压、保持气流通畅等，冬春要防寒，夏季要防雨防晒。冬春季运雏应在中午前后气温相对较高时启运，夏季则宜早晚启运。所有运雏用具和物品都要经过严格消毒之后方可使用。运输时行车要平稳，转弯或刹车不能过急，以免雏鸡拥挤死亡。同时要注意保温与通气的调剂，装车时要将雏鸡箱错开摆放，箱周围要有若干直径为1.5厘米的通气孔，箱底铺1~2厘米厚的软垫料。每个运雏箱最多装100只左右防止挤压造成死亡。箱周围要有通风空隙，重叠高度不要过高，气温低时要加盖保温用品，但注意不要盖得太严，在途中运输人员最长每隔1小时就要检查雏鸡的保温及通风情况。另外要注意防止雏鸡脱水，如果运输超过20小时，就用事先准备好的凉白开水在车上给雏鸡进行滴口，每只雏鸡2到3滴，可有效保证雏鸡质量。

雏鸡的饮水与开食

1. 雏鸡饮水

雏鸡出壳后水分散发很快，必须尽早给水，同时饮水还可以清理胃肠，排出胎粪，促进新陈代谢，加快卵黄吸收。

雏鸡第一次饮水为初饮，雏鸡运送到育雏舍稍微休息即可饮水，准备充足的饮水器，一般第一周每100只雏鸡用一个4千克的饮水器，一周后每100只鸡需要2个普拉松饮水器。一周后如果用水槽，每只鸡要有1.8厘米的饮水空间。饮水器要摆放均匀，应使鸡在不超过2.5米的范围内能找到水源，确保每只鸡都能喝到水，饮水器要求高度适中，水盘与鸡背等高为宜，随着鸡的生长适当调整水盘的高度。对刚到育雏舍不会饮水的雏鸡要进行人为辅助饮水或进行调教。雏鸡在第一周应喂降至20℃左右接近室温的温开水，并加入多维电解质，以减少雏鸡应急反应。雏鸡第一天饮水应加入5%的葡萄糖或8%蔗糖能起到速效性的补充能源作用，如果雏鸡脱水，可连续饮3天糖水。1周后饮用清洁的凉水即可。饮水量一定要充足，经常保持有水，随时自由饮用，绝不能间断饮水，以防造成雏鸡抢水而使一些雏鸡落入水中淹死。饮水每天要更换，注水前饮水器每天进行清洗和消毒，但饮水免疫的前一天不要对饮水器进行消毒，以免影响免疫效果。

2. 雏鸡开食

雏鸡第一次吃料叫开食，在雏鸡第一次饮水2小时后，并出壳达24~36小时，有三分之一的小鸡有啄食表现时开食较好。将饲料洒在料盘或塑料纸上，让雏鸡自由采食，对不会吃食的小鸡要将其围拢到有饲料的地方，让其学着吃。为了防止饲料浪费，每次喂料量要根据采食情况调整给料量，尽量做到每次喂料量料盘内或槽内饲料基本上采食干净。刚开食的小鸡，开食第一天采食量少，第二天会成倍增加，发现食盘空了就加料，一般每2小时给料1次，夜间给料1次，保证饲料充足，让其自由采食。开食饲料要求营养丰富、易消化、适口性强且便于啄食的配合饲料。有条件的也可用全价颗粒破碎料开食，也可用小米或玉米粉作为开食料。

雏鸡养殖的环境控制

1. 温度控制

雏鸡体温比成鸡低1℃~3℃，对温度反应十分敏感。育雏鸡需要保温培育，供温的原则是：初期要高、后期要低，小群要高、大群要低，弱雏要高、强雏要低，夜间要高、白天要低，以上高低温度之差为2℃。温度的变化，应根据日龄增长与气温情况逐步平稳进行，绝不可忽高忽低变化无常。开始温度以32℃~35℃为宜，以后每周降低2℃~3℃。白羽肉鸡21日龄从育雏舍转到中鸡舍时温度变化不能过大，以免应激产生不良的生长发育，正常情况下室温保持21℃~23℃的恒温。49日龄转入育成舍后室温保持20℃~21℃的恒温。黄羽肉鸡育雏期1周龄温度32℃~35℃，2周龄温度29℃~32℃，3周龄温度26℃~29℃，4周龄温度23℃~26℃，4周龄以上每周下降2~3℃，直至常温，冬季温度不得低于18℃。

2. 光照控制

通常0~3日龄每天要维持24小时的光照时数，3日龄以后每天光照23小时，黑暗1小时，1小时的黑暗是为了使鸡能够适应和习惯黑暗的环境。10日龄后一般常规鸡舍在白天连续给光16小时，夜间采用间歇光照，2小时黑暗，1小时光照，再2小时黑暗，再1小时光照，再2小时黑暗，这样全天18小时光照，6小时黑暗，光照时鸡自由采食、饮水，黑暗时休息，鸡只活动量减少，饲料效率显著提高。如果是密闭鸡舍，10日龄后全天实行“1小时光照，2小时黑暗”，全天共8小时光照，16小时黑暗。但必须注意鸡舍的料、水位必须是足够的，间隔光照的时间可用一个定时开关来完成，不必人工开关灯。育雏光照的原则：光照时间只能减少，不能增加，以免性成熟过早，影响以后生产性能的发挥；人工补充光照不能时长时短，以免造成刺激紊乱，失去光照的作用；黑暗时间避免漏光。10日龄以内，鸡舍使用60瓦灯泡，到11日龄开始用15瓦灯泡逐步替换60瓦灯泡，到15日龄全部换成15瓦灯泡。更换时隔一个换一个，以保证光照均匀，灯泡高度在2米左右，每20平米安一个灯泡。

3.湿度控制及通风换气

雏鸡对湿度的要求适应范围较大，一般前期高后期低。如室内空气湿度过低，鸡舍内易引起灰尘飞扬，雏鸡易患呼吸道疾病；如室内空气湿度过大，会使有害微生物大量繁殖，影响雏鸡的生长发育。育雏前期舍内相对湿度应保持在60%~70%为宜，最好保持65%的湿度，最高不要超过75%，超过时，夏季会高温高湿，冬季低温高湿，都会造成雏鸡死亡的增加。后期随鸡只日龄增长，采食量、饮水量、呼吸量和排泄量的增加，容易造成湿度过大的现象，因此要以防潮为主，鸡舍内相对湿度以50%~60%为宜，同时要加强通风换气，定期打开门窗、进排气口，开动风机排出湿气。4周龄以后空气湿度保持在45%~55%。随着温度的变化，要掌握好湿度与温度的关系。低温高湿雏鸡容易发生感冒和胃肠疾病、高温高湿时雏鸡抵抗力减弱、高温低湿时易患呼吸道疾病，因此要注意防止低温高湿、高温高湿以及高温低湿带来的危害。

通风换气可调节舍内温、湿度，提供鸡生长所需氧气，还可排除舍内有害气体、灰尘、微生物等，改善舍内环境质量。空气的流速不同，鸡体的舒适感不同，这与鸡龄和温度有关，鸡龄小风速要小，鸡龄大而且温度高时风速要高些。一般在第1、2周龄以保温为主适当注意通风，3周龄开始增加通风量，4周龄以后以通风为主，冬季利用中午时间通风，氨气浓度过高时先升温后通风。通风方式可采用活动天窗式自然通风，也可在鸡舍山墙的一侧安装排风扇进行纵向通风，降低舍内有害气体的浓度，保证空气新鲜。雏鸡饲养前期，需要的温度较高，这时的通风往往被忽视，尤其是冬季，解决温度和通风这对矛盾的最好办法是采用正压通风。如果是按装风机，鸡舍的通风量按夏季的鸡的最大周龄所需的最大通风量设计，风机数等于鸡舍体积乘于每小时通风次数再除以单台分机的排风量。

根据鸡群变化控制通风，鸡舍内CO_2排放浓度小于0.5%，NH_4浓度控制在每立方米15毫克以下，H_2S排放浓度不超过每立方米10毫克。实践中多以人在正常时的感觉为标准，如果人能闻到臭鸡蛋味（硫化氢）时或感觉鼻和眼有不适，刺眼或眼睛流泪（氨气）时，则说明舍内有害气体的浓度已超标，应立即打开通风。若是封闭或半封闭饲养，舍内必需安装通风设备。

饲养方式

1. 垫料平养

垫料平养就是在鸡舍地面上铺10～15厘米厚的垫料，定期更换或中间不更换，待一批鸡饲养结束后一起清除的饲养肉鸡方式。此方式适于垫料来源容易的地区，垫料可因地制宜选用麦秸、稻草、稻壳、玉米秸、刨花、锯末、沙子等，并且要求松软、吸水性强、无霉变，长短以5厘米左右为宜。

这种方式优点是设施简单，投资少，鸡胸腿疾病少，适用于农村家庭饲养。缺点是鸡只与粪便、垫料接触，易感染消化道疾病、球虫等病，饲养密度小，劳动效率低。另外，应用这种饲养方式对饮水器周边过于潮湿的垫料注意随时更换。

2. 网上平养

网上平养就是在离地面一定高度搭高支架，在支架上放上木条网垫、竹片网垫、金属网垫或塑料网垫饲养肉鸡的方式为网上饲养。

网床的搭建：根据鸡舍跨度和举架的高低来设计网架高低，举架低的网高可设为60~100厘米，举架高的网高可达100~150厘米，高网饲养有利于粪便清除、减少作业强度、保持舍内空气新鲜等优点。

网床分两种类型，一种是有过道的两列或三列设计，一种是无过道的单列设计，根据其管理操作的优越性，目前有过道的两列或三列设计尤其在标准化肉鸡场应用广泛。网垫选择根据饲养户的实际情况而定，弹性塑料网垫是最理想的，这种网垫柔软有弹性可减少腿病和胸囊肿，提高产品质量。

网上饲养具有网床搭建方便、经济实用、使用寿命长、管理操作方便、养殖密度高、饲养效果好等优点。但是，网床投资较大、对供温要求高，且鸡只易发生鸡胸囊肿疾病。应采取适当措施减少疾病发生。一是采用铁网平养时，应加一层弹性塑料网，减少坚硬网床对鸡胸部的摩擦。二是减少肉鸡卧地的时间，采取少喂多餐方法，促使鸡站起来采食活动。

3.笼养

笼养就是把肉鸡饲养在笼内。笼养可分为阶梯式和叠层式两种。

笼养优点是，和平养相比可提高1倍饲养量，提高了鸡舍的利用率和劳动生产率，增重快，耗料少，降低抗球虫病的费用，节省垫料费用，清洁卫生，便于公母分群饲养，实行科学的管理。缺点是由于饲养密度大，需要良好的通风设备和较高的饲养管理技术。另外，鸡笼投资大，由于目前尚没有理想肉鸡笼具，容易发生胸腿疾病，影响产品质量。随着鸡笼材料和结构的改进，采用有弹性的塑料箱底，将会大大降低肉鸡胸腿病的发病率。笼养肉鸡将是今后发展的方向。

白羽肉鸡饲喂技术

白羽肉鸡饲料一般分三种类型，即前期料、中期料、后期料。初生雏鸡消化器官尚不发达，胃肠容积较小，开食饲料要求营养丰富、易消化、适口性强且便于啄食的配合料。饲料颗粒粗细适度，形态大小类似小米，有条件的也可用全价颗粒破碎料开食，也可用小米或玉米粉作为开食料。以后根据不同生长发育阶段更换不同的配合料，以满足其生长发育需要。饲料更换要逐步进行，让鸡有个适应的过程。

白羽肉鸡前期料用于1~20日龄（即开食到20日龄），此阶段饲料粒度小，粗蛋白含量高，代谢能低，价格高。中期料一般用于21~48日龄，粒度较前期料大，粗蛋白含量较前期料低，代谢能较前期料高，价格比前期料便宜，但比后期料贵。饲料由前期料变换要成中期料要逐步进行，第一天投2/3的前期育雏料，1/3的中鸡料；第二天前期育雏料和中鸡料各投一半；第三天投中鸡料2/3、前期育雏料1/3；第四天全部换成中鸡料。后期料一般用于49日龄后至出栏，此阶段就整个饲养期而言，饲料粒度较大，粗蛋白含量最低，代谢能最高，饲料价格最便宜。

为了防止饲料浪费，增加饲料成本，雏鸡开食后要定时定量喂料，每次喂料量要根据采食情况调整给料量，尽量做到每次喂料量料盘内或槽内饲料基本上采食干净。一般1到3天，每2小时给料1次，夜间给料1次，3天后每昼夜6到8次，后期每天3次。喂料器也要根据鸡的生长进行调整，2周后将开食盘更换为料桶，喂料器要充足，高度与鸡背相等，随鸡生长体高调整喂料器高度。一般第一周每100只雏鸡用一个开食盘，一周后每100只鸡需要2个圆形料桶，每天清洗喂料设备。饲料要保持新鲜，不宜存放过久，不能发霉变质，发霉、变质、生虫的饲料不能继续饲喂，上市前7天饲料中不能含有任何添加剂和药物。

每平方米容纳的鸡数为饲养密度，饲养密度是否合适，不但要看单位面积养鸡数量，还要看每只鸡占的料槽和水槽位置以及能否始终维持鸡舍内适宜的生活环境。应根据鸡舍的结构和鸡舍调节环境的能力，按照季节和鸡的体重来增减饲养密度。饲养密度因饲养方式、饲养日龄不同而不同。一般地面平养0~4周龄饲养密度为每平方米20~25只；5~8周龄每平方米10~12只，网上饲养比地面平养可增加50%，笼养比地面平养增加约1倍。

白羽肉鸡饲喂的日常管理

1. 合理分群

同一栋鸡舍内只进同一批鸡雏，饲养同一日龄鸡，采用统一的饲料，统一的免疫程序和管理措施，并且在同一天全部出场。出场后对整体环境实行彻底清扫、清洗、消毒。

由于公母鸡生理基础不同，对环境条件和营养需要也有差别，因此，在饲养过程中要进行公母分群饲养。另外，根据同一批鸡的体质强弱、个体大小差异，及时做好大小、强弱分群工作，不断剔除病、弱、残、次的鸡，根据鸡群不同情况创造条件满足鸡的生长需要，促进鸡群的发育整齐。

2. 卫生管理

第一，鸡舍建筑应符合卫生要求，设备应具备良好的卫生条件并适合卫生检测。第二，每批鸡出栏后应对鸡舍粪污进行彻底清洗，并选择高效、低毒和低残留消毒剂进行消毒，具体参照前面提到的鸡舍及设备消毒技术；选择菊酯类杀虫剂和抗凝血类杀鼠剂灭虫、灭鼠。第三，鸡舍清理完毕到进鸡前空舍至少2周，期间切防野鸟和鼠类进入鸡舍。第四，鸡场谢绝参观，鸡场门口设消毒池和消毒间，进出车辆经过消毒池，所有进场人员必须经过有紫外线照射消毒间入场。消毒池选用2%~5%漂白粉澄清溶液或2%~4%氢氧化钠溶液，并定期更换。如有特定情况，参观人员在淋浴和消毒后穿戴保护服才可进入。第五，工作人员要求身体健康，无人畜共患病。进鸡舍前要更衣换鞋，经鸡舍门口设消毒池或消毒盆对鞋消毒后进入。第六，鸡舍内要求每周至少消毒1次，消毒剂选用高效、无毒和腐蚀性低的消毒剂，如卤素类、表面活性剂等。第七，做好进雏日期、鸡种名称、进雏数量、温度变化、死亡淘汰数量及其原因、耗料量、投药及免疫日期、异常情况等。

3. 合理免疫用药与适时出栏

根据当地实际情况，选择适宜的免疫程序，适当进行疫病的预防接种工作。鸡只发病或疑似发病时，要及时诊断并采取有效措施进行处理或治疗。

白羽肉鸡7~8周龄左右出栏经济报酬最高，上市前7天不喂含任何药物及药物添加剂的饲料，屠宰前10小时停止喂料。

黄羽肉鸡的饲喂

黄羽肉鸡分快速型、中速型、慢速型，根据黄羽肉鸡的生长曲线及体成分变化规律，将饲养期大致分为三个阶段：0～6周龄为育雏期，7～10周龄为生长期，11～14周龄为育肥期。生产上应根据不同鸡种、不同饲养管理条件灵活掌握，划分其生长阶段，如果鸡种生长速度快，气候适宜，则育雏期可提前到4周龄结束，如鸡种性成熟早，4～5周龄即能基本分出公母，可提前分群。

1. 饲喂技术

多数饲养场在黄羽肉鸡的营养水平供给上采用育种单位的推荐标准，也有一些饲养户甚至采用快大型肉鸡的营养标准，营养供给高出黄羽肉鸡的生长需要，是一种浪费，影响其饲料报酬。一般来说，黄羽肉鸡遗传结构决定了其生长速度慢，营养需要量也就减少，对营养水平的要求要低于快大型肉仔鸡，如按照肉仔鸡的营养标准饲养，多余部分随粪尿排出，会造成营养浪费。

黄羽肉鸡不同鸡种的差异较大，不同地区对黄羽肉鸡的要求不同，营养标准难以统一，目前，黄羽肉鸡在营养水平需要上还没有可供参考的国家标准。实际生产中应以品种的推荐标准为基础，以提高饲料报酬为目标，根据实际饲养方式、环境条件及其他因素，适当降低饲料的营养水平。可采用在艾维茵肉鸡营养需要量的基础上，能量水平降低2%~3%，蛋白水平降低5%~8%，氨基酸、维生素、微量和常量元素等可与蛋白质水平同步下降。

雏鸡开食后0～6周龄饲喂雏鸡料，采用少量多次饲喂的方法，10日龄内每日喂料5~6次，每次少加，让鸡全部吃完，料桶空置一段时间后再加下一次料，10日龄后逐步减少至3~4次。饲养至30~40日龄时转中鸡舍饲养，此阶段要提高日粮的蛋白质及氨基酸水平，喂料要从雏鸡料逐渐过渡到中鸡料，第一天喂三分之二的雏鸡料及三分之一的中鸡料，第二天喂二分之一的雏鸡料和二分之一的中鸡料，第三天喂三分之一的雏鸡料及三分之二的中鸡料，第四天全部喂中鸡料。饲养至55至60日龄可转进大鸡舍进行饲养。饲料应该从中鸡料逐渐过渡到大鸡料，过渡换料方法参考雏鸡到中鸡料的过渡方法。鸡群饲养到70日龄以后可在饲料中添加1%~2%的动物或植物油，以提高日粮代谢能，促进鸡内脂肪的沉积，增强羽毛光泽度。饲养后期选用富含叶黄素的优质黄玉米、玉米蛋白粉、苜蓿粉等饲料原料配合日粮，可提高鸡体内色素沉积使三黄特征更加明显。但是如果加入鱼粉、肉骨粉等动物性饲料，会影响鸡肉品质。喂料器也要根据鸡的生长进行调整，每天清洗喂料设备。

2. 饲养密度

其饲养方式有厚垫料地面平养、网上平养和笼养三种，在实际生产中，养殖户可根据资金投入等情况来选择，如选择笼养所需资金相对较多。但黄羽肉鸡因生长速度慢，体重小，胸囊肿不会发生，可以采取笼养，特别是后期育肥阶段，采用笼养活动量小，可明显提高育肥效果。广东一带0~6周龄育雏阶段采用火坑育雏，7~11周龄采用网上平养，12~15周龄上笼育肥，效果明显。

黄羽肉鸡饲养密度，综合考虑饲养方式及通风条件、每只鸡占有的食位、水位等因素，建议1~30日龄地面垫料或网上平养为每平米30只左右，多层笼养为每平米45~60只；31~60日龄地面或网上平养为每平米15只左右，阶梯式笼养为每平米25~30只；61日龄以上地面或网上平养为每平米8只左右，阶梯式笼养为每平米12~15只。

黄羽肉鸡的日常管理

1. 合理分群

由于公母鸡生理基础不同，对环境条件和营养需要也有差别，育雏约30～40日龄结束，转至中鸡舍饲养，进行公母分群饲养。另外，根据同一批鸡的体质强弱、个体大小差异，及时做好大小、强弱分群工作。

2. 全进全出

同一栋鸡舍内只进同一批鸡雏，饲养同一日龄鸡，采用统一的饲料，统一的免疫程序和管理措施，并且在同一天全部出场。出场后对整体环境实行彻底清扫、清洗、消毒。快速型黄羽肉鸡宜采用全进全出制饲养，而中速型和慢速型黄羽肉鸡达不到一批鸡同期出栏。

3. 卫生管理

参照白羽肉鸡卫生管理方法执行。

4. 合理免疫用药

为防止鸡只各种传染病的发生，鸡场应根据当地疫病发生种类、流行特点及动物防疫机构要求免疫的疾病，结合本场实际拟订免疫程序，按照免疫程序，做好疾病的预防接种工作。活鸡出售前28天应禁止使用禽流感疫苗，鸡只发病或疑似发病时，要及时诊断并采取有效措施进行处理或治疗。

5. 适时出栏

黄羽肉鸡要根据不同品种确定出栏时间。快速型黄羽肉鸡达到出栏体重后应尽快出栏，宜一次性出栏。中速型和慢速型黄羽肉鸡可以根据体重、性别分批出栏，公鸡发育快，可比母鸡提早上市一周左右。一般快速型黄羽肉鸡42～63天以内出栏，体重达到1.25千克～1.5千克，出栏时饲料转化比(1.8～2.6)∶1。中速型黄羽肉鸡64～91天出栏，体重达到1.25千克～1.5千克，出栏时饲料转化比(2.6～3.2)∶1。慢速型黄羽肉鸡92天出栏，体重达到1.25千克以上，出栏时饲料转化比大于3.2∶1。上市前7天不喂含任何药物及药物添加剂的饲料，屠宰前10小时停止喂料。

放养鸡场场址的选择

无论是草山草坡，还是林间隙地、果园等地放养，总体要求是地势应选择高燥平坦、开阔的地方，最好是沙壤土，水源充足，水的质量标准应符合无公害畜禽饮用水标准。周围环境应幽静，远离噪音源；远离污染源；为便于人员的进出和产品流通，交通应较便利。除此之外，对于不同的放养地在选择时有不同的要求。

第一，山地放养草场地具有丰富虫草资源，鸡群能够采食到大量的绿色植物、昆虫、草籽和土壤中的矿物质。选择草场一定要地势高燥，洼地低阴潮湿，对鸡的健康不利，草场中最好要有树木能为中午的鸡群提供遮荫或遮雨时的庇护场所。若无树木则需搭设遮阴棚。

第二，林间隙地选择树冠较小、树木稀疏、地势高燥、排水良好的地方，空气清新，环境安静，鸡能自由觅食、活动、休息和晒太阳。山区林地最好是灌木丛或阔叶林等，土质以沙壤土为佳，若是黏质土壤，在放养区应设立一块沙地。附近有小溪、池塘等清洁水源。鸡舍建在向阳南坡上。林间隙地可以种植苜蓿、三叶草为放养鸡提供优质的豆科牧草。

第三，果园果园的选择，以干果、主干略高的果树和农药用药少的果园地为佳，并且要求排水良好。最理想的是核桃园、枣园、柿园和桑园等。这些果树主干较高，果实结果部位也高，果实未成熟前坚硬，不易被鸡啄食。其次为山楂园，因山楂果实坚硬，全年除防治1～2次食心虫外，很少用药。在苹果园、梨园、桃园养鸡，放养期应躲过用药和采收期，以减少药害以及鸡对果实的伤害。但考虑到对果产品的影响，最好不要在苹果园、梨园、桃园养鸡。

第四，农田一般选择种植玉米、高粱等高秆作物的田地，要求地势较高，作物的生长期在90天以上，周围用围网隔离。田间养鸡注意错开苗期，要在鸡对作物不造成危害后再放养。作物到了成熟期，如果鸡还不能上市，可以半圈养为主，补饲精料催肥。

第五，围网筑栏。放养场地选择好之后，根据放养规模确定放养面积，进行围网筑栏，围网护群用铁丝网或尼龙网围护，高大于1.5米。刚开始放养网围面积要小些，使其适应，然后逐渐扩大。

放养鸡舍的建筑要求和鸡舍类型

1.鸡舍的建筑要求

(1)防暑保温;背风向阳;光照充足。

(2)布列均匀。为防止由于饲养规模大而棚舍较少或棚舍集中,造成超载或过度放牧,影响正常生长发育以及植被遭到破坏,促成传染病易发等,应根据放养规模和放养场地情况确定搭建棚舍数量,并均匀布列,每棚舍间隔150~200米。每一棚舍饲养300~500只的青年鸡或300左右的产蛋鸡。

(3)便于卫生防疫。要求鸡舍地面比舍外地面高出30~50厘米,鸡舍周围30米以内无积水,以防舍内潮湿,同时减少病菌的滋生,棚舍内地面铺设5厘米厚的沙土,根据污染情况定期更换,鸡舍入口设消毒池,运料道路和运粪道路应该分开,即分为运料清洁道和运粪污道。为防止野兽、飞鸟进入鸡舍,窗户安装铁丝网。

2.鸡舍类型

鸡舍类型通常分为普通型鸡舍、简易型鸡舍、移动鸡舍。比较实用的是普通型鸡舍(普通型鸡舍又分为育雏鸡舍和放养鸡舍)和简易型鸡舍。

(1)普通型育雏鸡舍设计育雏舍要特别注意做到保温良好、光亮适度、地面干燥、空气新鲜,工作方便。平面育雏的育雏舍,其墙高以2.4米为宜,多层笼养育雏舍,其墙高要2.8米。育雏舍墙过高不易保温,舍内屋顶设天花板,以利于消毒、保温和防暑。育雏舍要与成鸡舍保持一定的距离。

(2)普通型放养鸡舍这类棚舍无论放养季节或冬季越冬产蛋都比较适宜。棚舍跨度4~5米,高2~2.5米,长10~15米,棚内设置栖架,每只鸡所占栖架的位置不低于17~20厘米;每1棚舍能容纳300~500只青年鸡或300只左右的产蛋鸡。

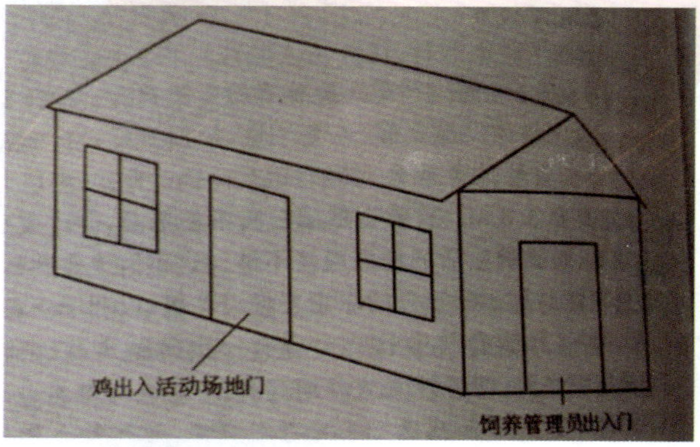

普通型放养鸡舍

(3)简易型鸡舍这类鸡舍主要是夏秋季为放养鸡提供遮风避雨、晚间休息的场所。棚舍材料可用砖瓦、竹竿、木棍、角铁、钢管以及篷布、塑料布等搭建，棚舍四周留有通风口，一般每一个棚舍能容纳200～300只的青年鸡或200只左右的产蛋鸡。

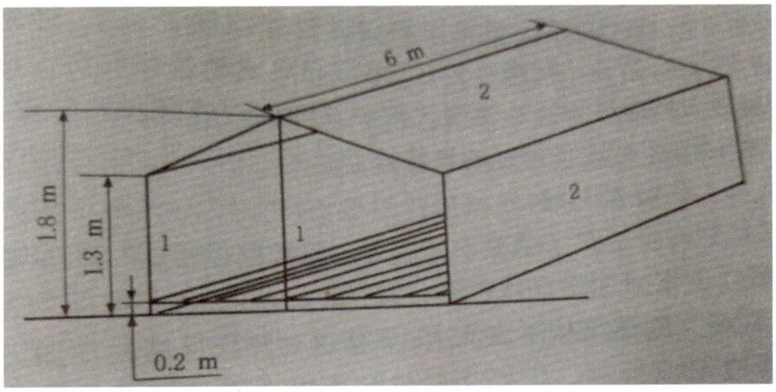

1.主要支架；2.塑编布

简易型塑编布棚

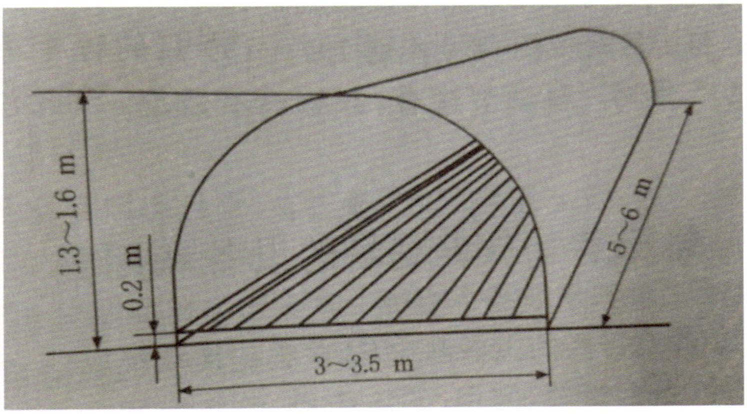

简易型塑料大棚

放养鸡的设备和用具

放养鸡需要的设备和用具，应根据放养特点和放养鸡的生活习性，做到简单、实用、易于搬动、方便维修，且经济耐用。其常用设备和用具包括供暖设备、饮水设备、喂料设备、产蛋箱、诱虫设备等。

第一，供暖设备主要是雏鸡在育雏阶段使用，生长鸡和成年鸡基本上不用。如煤火炉、电热伞（又叫保温伞）、红外线灯泡、立体电热育雏笼。

第二，饮水设备饮水器有水槽、真空饮水器、自动饮水装置。水槽和真空饮水器多用于平养；自动饮水装置适用于大面积的放养鸡场。

第三，喂料设备根据鸡的年龄和饲养方式可采用料盘、料桶和料槽等喂料设备。料盘主要用于雏鸡开食及育雏早期鸡（0~2周龄）使用，料桶用于地面平养或网上平养2周龄以后的小鸡或大鸡使用，有大、中、小三种型号。大、中、小型料桶一般都是每30~50只鸡一个。料槽适用于笼养或平养雏鸡、生长鸡和成年鸡，雏鸡用料槽两边斜，底宽5~7厘米，上口宽10厘米，槽高5~6厘米，料槽底长70~80厘米。生长鸡或成年鸡料槽，底宽10~15厘米，上口宽15~18厘米，槽高10~12厘米，料槽底长110~120厘米。

第四，栖架放养鸡舍设栖架不但能增加密度，而且通风较好。栖架两侧可立墙上，中间立角架式，坡度以45度为宜，每高20厘米设一个横木，这样上边的鸡粪便不会掉在下边鸡身上。

放养鸡生产模式设计

1. 放养模式

放养鸡生产模式设计应遵循最大效益原则，在具体操作时，应考虑市场价格的变化规律、产品的供需矛盾、气候特点、草地资源、投入产出比等。因此，在生产模式设计时，应选择4月到10月这段时间来放养，肉鸡一年可出栏两批。第一批，4月上旬进雏，5月中旬放养，7月中旬出栏；第二批，6月中旬进雏，7月中旬放养，9月底～10月初出栏。这种模式是生态放养肉用鸡的生产模式，从小鸡出壳到出栏，公鸡饲养90~100天，母鸡饲养110～120天，平均105天出栏，平均体重在1.25千克以上。

2. 放养时间

放养时间具体应根据雏鸡的日龄、室外温度以及放养地饲料资源情况来确定。一般选择4月初至10月底放养，此时放养地杂草丛生，虫、蚁等昆虫繁衍旺盛，鸡群可采食到充足的生态饲料。放养鸡一般分室内育雏阶段和室外放养阶段，小鸡出壳到5~6周龄进行室内育雏，5周龄后从室内转到舍外放养，如果天气暖和，室外温度达15℃以上，放养周龄可适当提前到3~4周龄脱温后转移到山上放养。

放养前的准备工作(适应性锻炼)

鸡由育雏室突然转移到放牧地,环境发生了很大变化,因此要做好放养前的适应性锻炼。

第一,饲料和胃肠的锻炼放养前1~3周,在育雏饲料中添加一定的青草或青菜,也可加一定量的虫体等动物性饲料,使鸡胃肠得到应有的段炼。青绿饲料要由少到多逐渐添加,防止一次性添加过多而造成消化不良,而引起腹泻,放牧前,青绿饲料添加量应占雏鸡饲喂量的50%以上。

第二,温度的锻炼在育雏后期,逐渐降低育雏室的温度,使其与室外气候条件相当,同时适当进行较低温度和小范围变温的段炼,经过这样的适应性段炼,能提高放养初期鸡的成活率。

第三,活动量的锻炼在育雏后期,应逐渐扩大雏鸡的运动量和活动范围,增强其体质,以适应放养环境。预防雏鸡放养后,因活动范围扩大和活动量的增加,造成短期内的不适应导致疲劳和诱发疾病。

第四,管理由精细管理过渡到粗放管理,粗放管理就是在饲喂次数、饮水方式等方面接近放养下的管理模式。

第五,抗应激为避免放养后出现应激性疾病,可在补饲料和饮水中加入适量维生素C或复合维生素,以预防由于转群、环境变化等影响,鸡只出现一定的应激、免疫力下降等。

第六,防疫应根据鸡的防疫程序,特别是免疫程序,有条不紊的搞好防疫。

放养期管理

1.分群

规模化放养鸡，每批数量很大。为了提高成活率、生长速度和饲料效率，既充分利用自然资源，又最大限度的提高劳动效率，要对同一批鸡进行分群。分群是根据放牧条件和鸡的具体情况，将不同性别、不同年龄和不同体重的小鸡分开饲养，以便于管理。

在育雏室到田间的转群时进行分群，最好在晚上。育雏室内每个小区的雏鸡最好分在一个鸡舍内，根据田间简易鸡舍容纳鸡的数量，一次性放进足量的小鸡，如若鸡舍面积较大，应分成若干单元，每个单元容纳鸡数量最好小于500只。

分群时应注意不能大小混养和群体过大，曾有研究发现，以鸡舍为圆心，70%以上的鸡在半径50米以内活动，90%以上的鸡在半径100米以内活动，因此群体大小应以50～100米为半径的圆面积为1个单元，根据放养场地的载鸡量，确定单位面积承受的鸡数量，一般草地每亩地容纳鸡的数量20～30只，好的草场可达到40～50只，最高不宜超过80只，以这样计算，1个饲养单元的面积应控制在0.7万～3万平方米（10～44亩），这样，饲养规模应控制在300～500只。

2.放养密度与规模

养殖规模要与配套利用的资源条件相适应，若规模过大，超出了所承载资源的吸纳能力，反而不能体现所应有的生态效果。放养密度应按宜稀不宜密的原则，一般每亩林地放养120～180只。每亩草山草坡放养80只。每亩果园放养商品鸡80～120只。密度过大草虫等饵料不足，增加精料饲喂量，影响鸡肉、蛋的口味；密度过小，浪费资源，生态效益低。放养规模一般以每批鸡1200～1500只为宜，采用全进全出制。如若规模太大，可采用大规模，小群体进行饲养管理，每个群体控制在500只以内，也就是每隔一定面积(10～45亩)建造一个鸡舍，并呈棋盘形布列，每个鸡舍容纳300～500只鸡。

3.放牧过渡期的管理

由育雏室转移到野外放牧最初1～2周

是放养成功与否的关键时期，在按原计划分群，一次性转移到鸡舍过夜，第二天早晨不要马上放鸡，待熟悉环境后放出喂料(9~10时)，饲槽放在1～5米远，让鸡自由觅食，饲料与育雏期的饲料相同，不要突然改变，开始几天，每天放养较短的时间，以后逐渐增加放养时间，1～5日内仍按舍饲量给料，一天喂3次，5天后限制饲料喂量，分两步逐渐递减。首先是5～10天饲料喂平常舍饲日粮的70%，其次10天后饲料喂量减少二分之一。

4.放养鸡的调教

调教是指在特定环境下给予特殊信号或指令，使之逐渐形成条件反射或产生习惯性行为。青年鸡调教包括：喂食和饮水的调教、放牧的调教、归巢的调教、上栖架调教及紧急避险调教等。

(1)喂食和饮水的调教放养鸡每天的补料量是有限的，因此，为保证每只鸡都获得应获数量的饲料，应在同一个时间段共同采食，同时在野外饮水条件有限时，为了保证饮水的卫生，应尽量减少开放式饮水器暴露在外的时间，需要定时饮水，也需要统一同时进行。喂食和饮水的调教应在育雏时开始，在放养时强化，一边喂料，一边以吹口哨或敲打金属物品等声音作为信号，并形成条件反射，将鸡只引来。一般3天后可建立条件反射。

(2)放牧的调教很多鸡的活动范围很窄，远处尽管有丰富的饲草资源，但它宁可饥饿，也不远行一步，为使牧草得到有效利用，应进行远牧调教。一人在前面引导，慢行并给一定的语言信号，同时撒扬少量的食物作为诱饵，后面一人驱赶，直到牧草丰富的地方，连续几日后，鸡就习惯往远处觅食了。

(3)归巢的调教鸡具有晨出暮归的特性，每天日出前便离巢采食，日落前多数鸡从远处向鸡舍集中，但是有的鸡由于外出过远或迷失方向，也有的在外面找到适于自己夜宿的场所，不能按时归巢，因此应于傍晚前，在放牧地的远处查看，并用信号引导其往鸡舍方向返回。如此几天后，便可按时归巢。

(4)上栖架调教鸡具有栖居的特性，善于在高处过夜。但是有的鸡抢不到有利的位置而不到栖架上过夜，野外鸡舍地面潮湿，加之鸡粪堆积，长期卧地容易诱发疾病，因此在开始转群时，每晚观察，将卧地的鸡抓到栖架上，经过几天后，就会形成自己上栖架的习惯。

放养鸡的饲喂、诱虫和兽害防治技术

1.放养鸡的饲喂技术

（1）放养鸡的饮水鸡的消化道短，容积小，不能存留很多水。放养鸡活动量大，气温高时鸡又靠多积水、多排尿撤热；为此放养鸡每刻都不能缺水，一旦缺水，便会影响鸡的消化吸收，且采食量减少。为了保障鸡饮水充足，应该每50～80只鸡配一个饮水器，分散放到放养场地鸡活动比较明显的位置，天凉时放在太阳下，天热时放在阴凉处，让鸡只随时都能喝上清洁的饮水。

（2）放养鸡的补料生态放养鸡仅靠野外采食是不能满足生长发育需要的，无论是那个生长阶段的鸡都应补充饲料，但应根据鸡的日龄、生长发育、草地类型和天气情况，灵活掌握，决定补料次数、时间、类型、营养浓度和补料数量。一般鸡周龄小的，每天可早、午、晚喂三次，早料量喂1/4，午、晚以不剩为准则。一般10周龄以上中雏可早、晚各1次，喂料量早少晚多。时间要根据气温定，天热时早晚喂，天冷上午8:00到下午17:00之间喂，但在一段时间内为让鸡形成规律，一定要定时饲喂，决不可随意，改变喂料时间。

2.划区轮牧

一般10～44亩草地划为一个牧区，可饲养300～500只鸡。每个牧区用铁丝网或尼龙网隔开，高大于1.5米，这样既能防止老鼠、黄鼠狼等对鸡群的侵害和带入传染性病菌，有利于管理，又有利于食物链的建立。待一个牧区草虫不足时再将鸡群赶到另一牧区放牧，公母鸡最好分在不同的牧区放养。在养鸡数量少和草虫不足时期可不分区。

3.诱虫

诱虫的目的有两个：①消灭虫害，降低农药的使用量，实现生态种植与养殖的有机结合；②通过诱虫，为鸡提供一定的蛋白质，降低养殖成本，提高养殖效益。诱虫一般采用3种方法，即黑光灯诱虫、高压电弧灭虫灯诱虫和性激素诱虫。

（1）黑光灯诱虫。诱虫光源一般有两种，一种是高压自镇汞灯炮，一种是黑光灯炮。生产中常见的是黑光灯炮，利用昆虫的趋光性，使用黑光灯可大量诱虫。飞蛾、蝗虫、螳螂、蚊蝇等昆虫对黑光灯发出的波长极为敏感，灯一打开，昆虫就会聚拢而来。黑光灯安装在1.5~2米高的地方，每隔200-3000米安装1个，昆虫飞向灯撞昏落地后被鸡采食或掉入安装的虫体袋内，次日饲喂。

（2）高压电弧灭虫灯诱虫。利用昆虫趋光性原理，以高压电弧灯发出的强光，诱导昆虫集中于灯下，然后被鸡捕捉采食。

（3）性激素诱虫，农田或果园诱杀虫子的一种方法。

4.防治兽害

放牧期间，鸡群的主要兽害是老鼠、老鹰、黄鼠狼和蛇。

（1）鼠害一般用鼠夹法，在放牧前7天用鼠夹捕鼠，一亩放2~3个，但放牧期间不可放鼠夹；毒饵法，在放牧前两周投放一定的毒饵，每亩地投放2~3个，记住投放位置，设置明显的标志，每天观察，检走毒死的老鼠深埋，连续投放1周后，将剩余的毒饵全部取走，再观察1周，将死掉的老鼠全部清除；灌水法，放牧前，将猫或狗牵到放养地，让其寻找鼠洞，然后往洞里注水进行捕捉。

（2）老鹰鸣枪，使老鹰受到惊吓，不敢接近放牧地；或在放牧地放几个稻草人，尽量扎的高一点，在上部捆一些彩色布条，最上面安装一个可以转动的、有声音的风向标，对老鹰产生威胁而不敢接近；人工驱赶法。

（3）蛇在放养的地边种植凤仙花、一点红、万年青、半边莲、八角莲、观音竹等，可有效地预防蛇的进入及对鸡的伤害。

（4）黄鼠狼黄鼠狼其主食是野兔、鸟类、鱼、泥鳅、家鼠及地老虎等，在野外采食不足时，对家养鸡造成威胁。喜欢在道路旁的隐蔽处行窜捕食，行动路线一经习惯则很少改变，巢穴附近及通向觅食场所和水源的途径，就是捕捉黄鼠的最佳位置。

商品蛋鸡的主要品种

现代商品蛋用型鸡有白壳蛋鸡、褐壳蛋鸡和粉壳蛋鸡三种，白壳蛋鸡是白来航鸡配套系的杂交鸡，体小、性成熟早、产蛋多、饲料利用率高，在标准的饲养管理条件下，72 周龄产蛋量达 280~290 个，蛋重 60 克以上。褐壳蛋鸡多为洛岛红鸡、洛岛白鸡、苏塞克斯鸡等兼用型鸡或合成系之间的配套品系杂交鸡，现在市场上流通的主要有罗曼褐鸡、伊莎褐鸡和海兰褐鸡。

1.褐壳蛋鸡的主要品种

（1）海兰褐鸡

海兰褐蛋鸡是美国海兰国际公司培育的高产蛋鸡。该鸡性情温驯，适应性好，开产早，产蛋高峰来得早且持续期较长。主要生产性能指标为：育成期成活率 96%~98%，产蛋期成活率 95%，达 50%产蛋率的日龄 151 天，高峰产蛋率 93%~96%，80 周龄入舍鸡产蛋数 355 枚，产蛋量 21.9 千克，料蛋比 2.2：1~2.5：1。

（2）罗曼褐鸡

德国罗曼公司育成，属中型体重高产蛋鸡，其特点是产蛋多、蛋重大、饲料利用率高。主要生产性能指标是：达 50%产蛋率日龄 145~150 天，高峰期产蛋率 92%~94%；产蛋 12 个月产蛋数 295~305 枚，平均蛋重 63.5~65.6 克，料蛋比 2.0：1~2.1：1。

（3）伊莎褐鸡

伊莎褐蛋鸡是法国伊莎褐公司培育出的四系配套杂交鸡，是目前国际上优秀的高产蛋鸡之一。生产性能指标是：0~20 周龄成活率为 98%，21~74 周龄成活率为 93%，76 周龄入舍母鸡产蛋数 292 枚。

2.白壳蛋鸡主要品种

（1）北京白鸡

是北京市种禽公司在引进国外鸡种的基础

上选育成的优良蛋用型鸡。它具有体型小、耗料少、产蛋多、适应性强、遗传稳定等特点。其主要生产性能指标是：0~20 周龄成活率 94%~98%，21~72 周龄成活率 90%~93%，72 周龄饲养日产蛋数 300 枚，平均蛋重 59.42 克，料蛋比 2.23：1~2.32：1。

（2）海兰白鸡

是美国海兰国际公司培育的。海兰白鸡的主要生产性能指标是：育成期成活率 97%~98%，高峰产蛋率 93%~94%，80 周龄入舍鸡产蛋数 330~339 枚，产蛋期成活率 96%，料蛋比 1.99：1，平均体重 1.28 千克，32 周龄平均蛋重 56.7 克，70 周龄平均蛋重 64.8 克，产蛋期存活率 90%~94%。

（3）罗曼白鸡

罗曼白系德国罗曼公司育成的两系配套杂交鸡，即精选罗曼 SLS。由于其产蛋量高，蛋重大，引起了人们的青睐。据罗曼公司的资料，罗曼白商品蛋鸡 0~20 周龄育成率 96%~98%，20 周龄体重 1.3~1.35 千克，150~155 日龄达 50%产蛋率，高峰产蛋率 92%~94%，72 周龄产蛋量 290~300 板，平均蛋重 62~63 克，总蛋重 18~19 千克，每千克蛋耗料 2.3~2.4 千克，产蛋期末体重 1.75~1.85 千克，产蛋期存活率 94%~96%。目前，河南华罗家禽育种有限公司已引进罗曼白鸡的父母代。

3.粉壳蛋鸡品种

（1）海兰粉壳鸡

海兰粉壳鸡是美国海兰公司培育出的高产粉壳鸡，我国近年才引进，主要饲养在北京等地。其生产性能指标是：0~18 周龄成活率为 98%，达 50%产蛋率平均日龄 155 天，高峰期产蛋率 94%，20~74 周龄饲养日产蛋数 290 枚，成活率达 93%，72 周龄产蛋量 18.4 千克，料蛋比 2.3：1。

（2）亚康蛋鸡

亚康蛋鸡是以色列 PBU 公司培育的，生产性能指标是：育成期成活率 95%~97%，产蛋期成活率 94%~96%，达 50%产蛋率日龄 152~161 天，每只鸡 80 周龄产蛋数 330~337 枚，平均蛋重 62~64 克。

（3）京白 939 粉壳蛋鸡

京白 939 粉壳蛋鸡是北京种禽公司新近培育的粉壳蛋鸡高产配套系。它具有产蛋多、耗料少、体型小、抗逆性强等特点。商品代能进行羽速鉴别雌雄。主要生产性能指标是：0~20 周龄成活率为 95%~98%，20 周龄体重 1.45~1.46 千克，达 50%产蛋率平均日龄 155~160 天，进入产蛋高峰期 24~25 周，高峰期最高产蛋率 96.5%，72 周龄入舍鸡产蛋数 270~280 枚，成活率达 93%，72 周龄入舍鸡产蛋量 16.74~17.36 千克，21~72 周龄成活率 92%~94%，21~72 周龄平均料蛋比 2.30~2.35：1。

雏鸡的选择和运输

1.饲养什么鸡种好

(1)根据市场需求。

(2)在饲养经验不足,鸡的成活率较低的地方,应该首选抗病力和抗应激能力比较强的鸡种。

(3)有一定饲养经验,并且鸡舍设计合理,鸡舍控制环境能力较强的农户,可以首选产蛋性状突出的鸡种。

(4)小鸡蛋受欢迎的地区和鸡蛋以个计价销售的地区,可以养体型小、蛋重小的鸡种。鸡蛋以斤计价销售的地区与喜欢大鸡蛋的地区,应选择养蛋重大的鸡。

(5)天气炎热的地方应饲养体型较小、抗热能力强的鸡种,寒冷地带饲养抗寒能力强、体重稍大的鸡种。

(6)无论选购什么样的鸡种,必须在有《种畜禽生产经营许可证》,有相当经验,有很强的技术力量,规模较大,没发生严重疫情的种鸡场购雏。管理混乱、生产水平不高的种鸡场,很难提供具有高产性能的雏鸡。

2.雏鸡的选择和运输

(1)选购优质雏鸡

1)优质雏鸡应该具备的特性。

①鸡种生产性能高,生命力强。

②马立克氏病疫苗接种确实有效。

③对一些重要疫病,具有较高、较一致的母源抗体。这能避免幼雏期的疫病感染,也便于适时免疫。

④体重大小比较整齐,最好是来自同一日龄的一个鸡群,因其母源抗体比较整齐,也便于管理,一般体重应该在 34 克以上。

⑤体力充沛,活泼好动,反应敏捷,叫声清脆,抓在手中时挣扎蹬腿有力。

⑥绒毛整洁,有光泽,腹部大小适中,脐带愈合良好。

⑦脚趾圆润,无存放时间过长、干瘪脱水的迹象。

⑧一周之内因细菌感染等造成的死亡率在1%以下。

2)应从种鸡场得到的承诺。

①了解出雏时间、接种疫苗情况和存放环境。如出雏后存放时间过长、温度过低、通风不良,会严重影响雏鸡质量。

②种蛋的受精率、孵化率、健雏率等,这些指标越高雏鸡质量越好。

③种鸡的日龄、群体大小、及产蛋率等,盛产期的种蛋所孵化的雏鸡质量好。

④通过种鸡的免疫程序,可推测雏鸡母源抗

鸡苗运送车辆

体水平。

⑤鸡场经常使用的药品。

3)如果可能,在购买雏鸡时,还应要求种鸡场有以下承诺。

①保证鸡种无掺杂作假。

②保证马立克疫苗是有效的,对每只鸡的免疫是确实的。

③保证5日龄内因细菌感染引起的死亡率低于2%以下。

④保证因为鉴别误差混入的公雏在2%以下。

⑤对日常的饲养管理、疫病预防等给予免费的咨询服务,还应得到种鸡场赠送的该品种的饲养管理手册。

(2)雏鸡运输中应注意的事项

应尽可能早地(48小时之内)将雏鸡运回鸡场,以便适时开食。运输途中要保持一定的温度和湿度,又要有新鲜的空气,注意防晒、防雨淋和防风吹。

夏季应该避免在炎热的午后运雏,箱与箱之间还需留出通风道,使各箱雏鸡产生的热量都能及时散出。夏季运输途中一般不允许停车休息,以免影响车内散热造成损失。

冬季最好用保暖性能好的车运送雏鸡,不要将运雏箱盖得过严,以免雏鸡缺氧窒息而死。

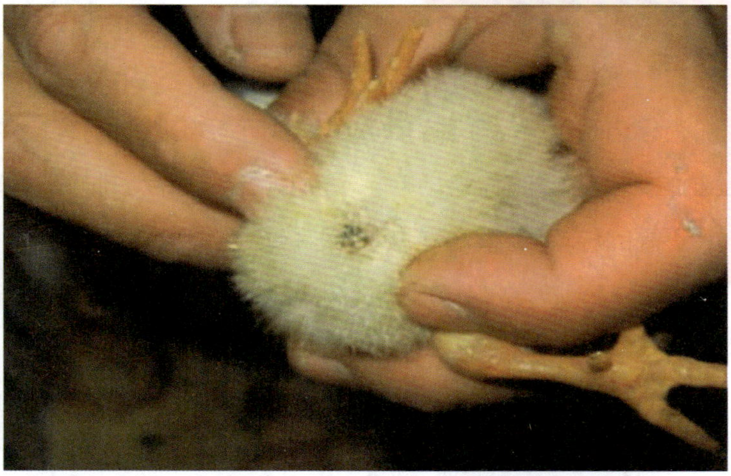

到场雏鸡检查

雏鸡的开食及断喙

1.开食管理

(1)饮水管理

雏鸡出壳存放 24 小时后可失去体内水分的 8%,存放 48 小时失去体内水分的 15%。为防止雏鸡因失水而影响正常的生理活动,进雏之后必须先让雏鸡学会饮水。

长途运输和存放时间过长的雏鸡,应该在饮水中添加 5%葡萄糖或白糖、补液盐以及多种维生素和抗生素。饮水的温度应接近 20℃,饮水器每天应刷洗消毒 1~2 次。

雏鸡的饮水量大致为采食量的 15~18 倍,注意不要断水。为让雏鸡尽快学会饮水,可轻轻抓住雏鸡头部,将喙部按入水中 1 秒左右,每 100 只雏鸡教 5 只,则全群能很快学会。

(2)饲喂管理

雏鸡在第一周和第二周体重能增长 2 倍左右,由于生长迅速但胃肠容积不大、消化机能较弱,所以必须满足雏鸡营养需要,应该用质量最好、最易消化吸收的饲料原料生产高能、高蛋白的雏鸡饲料。一般雏鸡的代谢能水平应在 2900 大卡以上,粗蛋白在 19%以上,赖氨酸水平应超 1%。也可以在第一周用肉鸡一号料饲喂雏鸡。由于雏鸡容易受应激,在第一周要多补充些维生素。

雏鸡第一次吃食称为开食,开食应在雏鸡学会饮水 2 小时之后进行,在 1/3 的雏鸡有啄食表现时,即可少量饲喂。开食时垫干净报纸、塑料布或用开食料盘,均匀地将料撒开。育雏第一周每天分多次喂料为好,第一天每 2 小时喂一次料,平均每次每只鸡喂 0.5~1 克左右。为便于雏鸡采食,饲料中应加入 30%的饮水,拌匀后以饲料捏起来能成团,撒下去能散开即可。这样饲料中的粉面能粘在粒状饲料上,便于雏鸡采食,也比较适口。饲喂量应该逐渐增加,每次喂料能在 25 分钟内吃完为好,一般 1~2 周内每天喂 6 次,以后根据发育情况逐渐减为每天喂 4~5 次,也可以在 1 周之后让雏鸡自由采食。雏鸡第一天的采食量平均在 5~8 克,第一周的平均采食量为每天 10 克。每天必须准确记录雏鸡的采食量,以便随时了解鸡群的情况和发育状况。在 2~3 日龄应注意找出不会吃喝的弱雏,及时放在比较适宜的环境中,教会它们饮水采食,则大多能存活下来。

2.雏鸡的断喙

（1）断喙目的

鸡在大群体高密度饲养时很容易出现啄羽、啄趾、啄肛等恶癖，断喙可以减少恶癖的出现，也可减少鸡采食时挑剔饲料造成的浪费。

（2）断喙时间

断喙一般在6~10日龄进行，此时断喙对雏鸡的应激较小。雏鸡状况不太好时可以往后推迟，一般鸡群在35日龄左右就可以出现互啄的恶癖，所以必须在这之前完成第一次断喙。青年鸡转入蛋鸡笼之前，对个别断喙不成功的鸡再修理一次。

（3）断喙方法

一般使用断喙器断喙。断喙时左手抓住鸡腿，右手拇指放在鸡头顶上，食指放在咽下，稍使压力使鸡缩舌，以免断喙时伤着舌头。幼雏用24毫米的孔径，在上喙离鼻孔2毫米处切断，应使下喙稍长于上喙，稍大的鸡可用直径为28毫米的孔。断喙时要求切刀加热至暗红色，为避免出血，断下之后应烧灼2秒左右。

（4）断喙注意事项

①断喙的长短一定要准确，留短了影响雏鸡采食，造成终生残疾，切少了又可能再生长，需再次断喙。

②断喙对鸡是相当大的应激，在免疫或鸡群受其他应激状况不佳时，不能进行断喙。

③断喙后要供给充足的饮水，料槽应多添饲料，以免雏鸡啄食到槽底，创口疼痛。为避免出血，断喙前2~3天每千克饲料添加2毫克维生素K。

4)注意观察鸡群，有烧灼不佳、创口出血的鸡应及时抓出重新烧灼止血，以免失血过多引起死亡。

断喙失败

断喙成功

育雏方式及饲养密度

1.育雏方式

（1）地面平养

需要注意铺上垫料和保持垫料的干燥、干净，垫料含水率在25%~30%较合适，过湿则环境恶化，过干则尘埃多，易感染发生大肠杆菌、支原体等疾病。有条件的应搭上栖架。注意密度不可过大，群体不可过大。

地面平养虽然投资少，但单位建筑面积的饲养量小，鸡群不易管理，鸡群的整齐度较低，鸡群时时和粪便接触，密度大时易感染疾病。

（2）网上平养

优于地面平养的方面是减少了鸡群与粪便接触的机会，但群体不可太大，饲养密度也不可太大。这种饲养方式也不易控制整齐度。

立体小笼育雏

（3）小笼或立体小笼育雏

采取每群在50~100只之内的小群体育雏，能取得较好的效果。育雏笼的宽度不超过70厘米，每笼长度不超过140厘米。这种方式便于观察，便于抓鸡做免疫，也便于对鸡群消毒。雏鸡生长快，发育整齐。

2.育雏密度

在育雏条件不太成熟或饲养经验不足的情况下，不要追求单位面积的饲养量和效益。饲养密度过大，可能造成饲养环境的恶化，影响生长和降低抗病力，反而达不到追求效益的目的。不同饲养方式下的饲养密度见下表。

蛋用雏鸡不同饲养方式的饲养密度

地面平养		网上平养		立体笼养	
周龄	鸡数/平方米	周龄	鸡数/平方米	周龄	鸡数/平方米
0~6	13~15	0~6	13~15	1~2	60
7~12	10~12	7~12	12~18	3~4	40
				5~7	34
				8~12	24

育雏密度与鸡舍结构、鸡舍控制环境的能力、饲养方式、舍内设施，与饲养人员的技术水平、鸡的品种和季节等有关。表中所列数据应该说是最大限度，要灵活掌握。密度是否适中，最终要看鸡群生长是否均匀、健康。蛋用雏鸡所需采食和饮水的位置宽度如下表。

蛋用雏鸡所需采食长度和饮水位置宽度

周龄	食槽种类		饮水器种类	
	料槽	料桶	乳头式饮水器	水槽
1~4	2.5 厘米 / 只	35 只 / 个	25 只 / 个	2.5 厘米 / 只
5~10	5.0 厘米 / 只	20~25 只 / 个	12 只 / 个	2.5 厘米 / 只

在饲养中不仅食槽和水槽长度应满足雏鸡的需要，还要注意放置合理，便于鸡采食饮水，一般应让雏鸡在 1 米之内即能找到水槽和料槽。

3.雏鸡的标准体重与日采食量

各育种公司都制定了自己商品鸡的标准体重，如果雏鸡在培育过程中，各周都能按标准体重增长，就可能获得较理想的生产成绩。

由于长途运输、环境控制不适宜、各种疫苗的免疫、断喙、营养水平不足等因素的干扰，一般在育雏初期较难达到标准体重。除了尽可能地减轻各种因素的干扰、减少雏鸡的应激外，必要时可提高雏鸡的营养水平。而在雏鸡体重没达到标准之前，即使过了 6 周龄，也应该仍然用营养水平较高的育雏鸡料。

轻型蛋雏鸡的体重标准与日采食量

周龄	周末体重(克)	日采食量(克)
1	75	12
2	125	18
3	195	24
4	275	32
5	365	42
6	450	44

中型蛋雏鸡的体重标准与日采食量

周龄	周末体重(克)	日采食量(克)	累计采食量(千克)
1	70	10	0.07
2	140	18	0.2
3	200	26	0.38
4	300	33	0.61
5	380	37	0.87
6	470	41	1.15

轻型、中型蛋雏鸡的标准体重和采食量，在育雏时可以用来参考。如果饲料营养水平稍低或是在冬季，雏鸡的日采食量应该大于以上数据。

体重增长情况和采食量的变化是饲养管理好坏及鸡群是否健康的一个反应。因此，每日必须记录饲料的采食量，每 1~2 周必须抽测一次雏鸡的体重。一般在周末的下午 2 时或在空腹时称重，可将鸡群围上 100~200 只或抽测鸡群的 3%~5%，逐只称重，这样可以随时掌握鸡群的情况。

蛋鸡育雏期的日常管理

雏鸡幼弱，抗病能力低，一定要采用全进全出制的饲养方式，严格实行隔离饲养，坚持日常消毒，适时做好各种免疫，及时预防性用药，创造舒适稳定的生活环境，减少各种应激，就可以减少和杜绝疾病的发生。

1.日常管理内容

(1)鸡群是否安静。鸡群在舒适时是很安静的，环境不适或受到某种因素侵害时，鸡群处于紧张状态，叫声不宁，易惊恐扎堆。

(2)注意鸡群的精神状态。感染疾病或食物中毒时，雏鸡精神萎靡，为一种亚疾病状态。

(3)注意观察雏鸡的粪便干湿和色泽，判断鸡群的消化吸收和健康状况。雏鸡受凉时，粪便变稀，感染传染性支气管炎时会拉稀，患新城疫时粪便呈黄绿色。

(4)夜间注意倾听是否有异常呼吸音。雏鸡易患呼吸道病，早发现，早采取措施，可避免或减少损失。

(5)注意记录每天的采食量和饮水量。气候的变化、环境控制的失误以及感染病原微生物等，都会引起雏鸡饮水量和采食量的变化。

(6)注意检查白天和夜间的通风换气，特别要注意夜间留的通风口大小是否合适；注意记录鸡舍的最低最高气温，以便及时采取必要的调整措施。

(7)注意水槽或乳头饮水器是否漏水、缺水，注意水槽的清洁程度和水面的深度是否合适。

(8) 注意检查光照强度和光照时间是否合适。

(9)及时挑出病弱雏鸡单独处理，及时检出死雏，剖解分析死亡原因。

2.育雏效果不良的原因及措施

(1)第一周死亡率高的可能原因

①细菌感染。大多是由种鸡垂直传染或种蛋管理及孵化过程中卫生管理上的失误引起的。

②环境因素。第一周的雏鸡对环境的适应能力较低，温度过低鸡群扎堆，部分雏鸡被挤压窒息死亡，某段时间在温度控制上的失误，雏鸡也会腹泻得病。一般情况下，刚接来的部分雏鸡体内多少带有一些有害细菌，在鸡群体质健壮时并不会出现问题；如果雏鸡生活在不适宜不稳定的环境中，会影响体内正常的生理活动，抗病能力下降，部分雏鸡就可能发病死亡。

③为减少育雏初期的死亡，一是要从卫生管理好的种鸡场进雏，其次要控制好育雏环境，前3天可以预防性地用些抗生素。

(2)体重落后于标准的原因

①现在的饲养管理手册制定的体重标准都

比较高，育雏期间多次免疫，还要进行断喙，应激因素太多，所以难以完全按标准体重增长。

②体重落后于标准太多时应多方面查原因，可能的影响因素如下：饲料营养水平太低，环境管理失宜。育雏温度过高或过低都会影响采食量，活动正常的情况下，温度稍低些，雏鸡的食欲好，采食量大。舍温过低，采食量会下降，并能引发疾病。通风换气不良、舍内缺氧时，鸡群采食量下降，从而影响增重；鸡群密度过大，鸡群内秩序混乱，生活不安定、情绪紧张，长期生活在应激状态下，影响生长速度；照明时间不足，雏鸡采食时间不足，影响生长。

（3）雏鸡发育不齐的原因

①饲养密度过大。饲养密度大，鸡群混乱，竞争激烈，生活环境恶化，特别是采食、饮水位置不足，会使部分鸡体质下降，增重落后于全群。

②饲养环境控制失误。如局部地区温度过低，部分雏鸡睡眠时受凉，或通风换气不良等，产生严重应激，生长会落后于全群。如果保温伞内有 10%的地方雏鸡休息不好，则会使 30%以上的雏鸡生长受阻。

③疾病的影响。感染了由种鸡带来的白痢、支原体等病或在孵化过程被细菌污染的雏鸡，即使不发病，增重也会落后。

④断喙失误。部分雏鸡喙留得过短，严重影响采食，增重受到影响，所以断喙最好由技术熟练的工人操作。

⑤饲料营养不良。饲料中某种营养素缺乏或某种成分过多，造成营养不平衡，由于鸡个体间的承受能力不同，增长速度会产生差别。即使是营养很全面的饲料，如果不能使鸡群中的每个鸡都同时采食，那么先采食的鸡抢食大粒的玉米、豆粕等，后采食的鸡只能吃剩下的粉状饲料。由于粉状饲料能量含量低、矿物质含量高，营养很不平衡，自然严重影响增重，使体力弱的鸡越来越落后。

⑥未能及时分群。

如能及时挑出体重小、体质弱的鸡，放在竞争较缓、更舒适的环境中饲养，也能赶上大群的体重。

育雏舍环境控制

1.雏鸡的生理特点

雏鸡体温调节机能差；生长发育快，代谢旺盛；消化器官容积小，消化能力弱；抗病力差；敏感性强；群居性强，胆小。

2.育雏舍环境控制

（1）温度控制

鸡采食与饮水的多少、体内的各种生理活动、饲料的消化吸收是否正常以及对疾病的抵抗能力都与环境温度是否适宜有直接的关系。温度过低时雏鸡畏寒而扎堆，影响卵黄吸收、影响抗病能力，有的发生感冒下痢，严重时互相挤压扎堆而造成大量损伤死亡。温度过高则影响雏鸡的正常代谢，食欲减退，体质软弱，发育缓慢，引起啄癖，也易感冒和感染呼吸道疾病。

1）对温度的基本要求。育雏温度的要求如表所示，3 天之内可将温度控制在 33℃~35℃，以后可每周下降 2℃~3℃，至与室温相同时即可停止供暖。

育雏温度

周龄	一	二	三	四	五
育雏温度（℃）	33~35	30~33	27~30	24~27	21~24

2）温度控制的稳定性和灵活性。雏鸡日龄越小，对温度稳定性的要求越高，初期日温差应控制在 3℃之内，到育雏后期日温差应控制在 6℃之内，避免因为温度的不稳定给生产造成重大损失。

3）温度的控制应根据鸡群和季节变化的情况灵活掌握。

①健壮的雏鸡群育雏温度可以稍低些，在适温范围内，温度低些比温度高些效果好，此时雏鸡采食量大，运动量大，生长也快。

②对体重较小、体质较弱及初期死亡较多的雏鸡群育雏温度应提高些。

③夜间因为雏鸡的活动量小，温度应该比白天提高 1℃~2℃。

④秋冬季节育雏温度应该提高些，寒流袭来时，应该提高育雏温度。

⑤断喙、接种疫苗等给鸡群造成很大应激时，也需要提高育雏温度。

⑥雏鸡群状况不佳，处于临疫病状态时，适当提高舍温可减少雏鸡的损失。

4）判断温度是否适宜。“温度是否合适”不能由饲养员自身舒适与否来判断，也不能只参看温度计，应该观察雏鸡的表现。温度适宜时，雏鸡

温度适宜时雏鸡的分布状态

均匀地散在育雏室内，精神活泼，食欲良好，饮水适度。温度低时，雏鸡靠近热源扎堆，发出叽叽的叫声。过热时，雏鸡远离热源，张翅张口喘息，发出吱吱的叫声。

（2）湿度控制

雏鸡对环境湿度的变化虽然不太敏感，但有时也可能造成重大损失。环境过于干燥，雏鸡绒毛会枯燥变脆脱落，脚趾干瘪，体质差，育成率下降。

育雏初期，在第一周尤其是前 3 日龄之内特别需要维持环境湿度，其原因如下：

1）雏鸡呼吸较快，如果过于干燥，呼吸过程中吸进的是干燥的空气，呼出的是湿润的空气，体内容易失去大量水分，就会增大饮水量，从而影响体内正常生理活动的消化吸收。

2）出雏后如果雏鸡在干燥环境中存放时间过长，体内就会失去大量水分或处于脱水状况。初期维持较高湿度可缓解并改善雏鸡的失水和脱水状况，提高雏鸡的成活率。

湿度要求

日龄	1~10	11~30	31~42
相对湿度	70%	65%	40%~60%
适宜极限高湿	75%	75%	75%
极限低湿	40%	40%	40%

（3）通风换气控制

由于雏鸡对一时缺氧和空气污浊的反应不太敏感，因此在生产实际中容易被忽视，这对雏鸡的生长和健康会产生严重的影响。通风换气目的有两个。

1）供给新鲜空气，供给氧气。在寒冷季节的育雏前期最容易出现舍内缺氧现象。一些农户采用舍内生火取暖的育雏方法，而且为了保温很少进行通风换气，这样就加重了舍内的缺氧现象。缺少新鲜空气，会影响雏鸡正常的生理活动，影响生长和抗病能力。无论在什么时候，鸡舍都必须留有适当大小的通风口。

2）维持舍内卫生和正常的生活环境，排出舍内有害气体、多余的热量、水汽、尘埃及空气中的微生物。为达到这个目的，比较有效的办法是采取定时的短时间大换气量通风。

（4）适宜的光照

1）光照强度。为了让雏鸡很快熟悉环境，学习饮水采食，初期应该用较强的灯光，每间隔 3 米安装一个 60 瓦的灯泡，3 日龄之后夜间可以换成 25~45 瓦的灯泡。光照稍暗些，鸡群相对宁静，在过强的光照下，鸡烦躁不安，活动量大，易出现互啄的恶癖。

2）光照时间。6 周龄之内光照时间的长短直接影响雏鸡的采食时间和采食量。育雏期最容易出现的问题是增重过慢，达不到标准体重，给予较长的光照时间有利于雏鸡增重。一般 3 日龄之内的光照可定为 23 小时，之后每周减 1~2 小时，也可用自然光照，但夜间为了给雏鸡补饲，可以定时开两次灯，每次 2 小时左右。

育成鸡的饲养管理

1.转群注意事项

一些鸡场在鸡群满 6 周龄后，需要转入育成鸡舍。在转群时需注意以下问题。

（1）育成鸡舍除应该提前做好清洗消毒外，还需注意温度，特别是在秋季、冬季和开春时节，必须将舍温升到与当时育雏舍相当的温度，不得低于育雏舍 4℃以上，否则可能会引起呼吸道疾病和其他疾病。

（2）转群可以用转群笼，或用手提双腿转移，用手提时一次不可抓提太多，每只手里不应超过 5 只。动作一定要轻缓，不可粗暴。

（3）为减少应激，夏季应在清晨开始转群，午前结束。冬季应在较温暖的中午进行，避开雨雪和大风天。

（4）为避免刚转群的鸡互啄打架，转群后的 2 天内，应使舍内光照弱些，时间稍短些，待相互熟悉再恢复正常光照。必要时可饲喂些维生素和抗生素，防止鸡群发病。

2.育成鸡的培育目标

7 周龄到产蛋前的鸡称为育成鸡。育成期工作的总目标就是要培育出具备高产能力和有持久高产体力的青年母鸡群。为了达到这个目标，要求培育出的青年母鸡具备以下特征：体重的增长符合标准，具备强健的体质，能适时开产；骨骼发育良好，骨骼发育应该和体重增长相一致；鸡群体重均匀，要求 75%以上的鸡的体重在平均体重的 0.9 倍~1.1 倍；具有较强的抗病能力，产前切实做好各种免疫，保证鸡群能安全渡过产蛋期。

雏鸡长到育成阶段，抗逆抗病能力增加，肠胃容积增大，消化能力增强。因为比较容易饲养，又不在产蛋阶段，容易出现以下情况。

（1）饲养密度过大，过小的空间虽然对鸡群的影响一时不明显，但严重影响鸡的均匀度，使部分鸡发育不良。

（2）饲料营养水平过低，增重严重落后于标准，影响鸡群性成熟，这是夏季特别容易发生的问题。所以要求育成期必须每 1~2 周称重一次，始终掌握鸡群的增重和均匀度状况。培育出优秀的青年母鸡群，是产蛋鸡能长期保持 90%以上产蛋率的基础。鸡群长期保持 93%~95%的高产蛋率，并不是只有 93%~95%的鸡在下蛋，而是所有鸡都在长期下蛋，只不过每天都有部分鸡休息而已。所以虽然是大群饲养，但管理仍应落实到每一只鸡，要尽可能地使每一只鸡都健康成长。

3.育成期管理的注意事项

（1）前期是骨骼、肌肉、内脏生长的关键时期，一定要抓住营养和其他各方面的管理，使鸡群的体重和骨骼都能按标准增长，前期的体重决定成年后骨骼和体型的大小。

（2）育成后期是腹腔脂肪沉积增长的重要时期，这期间腹脂增长 9.5 倍。由于体内脂肪沉积与生产性能成负相关，所以在育成后期，饲料中的能量不应过高，冬季鸡群食欲好时，要注意适当控制喂饲量，避免沉积过多脂肪而影响生产性能发挥。

(3) 生殖系统从 12 周龄开始缓慢发育,18 周龄时则迅速发育。为满足这种生长需要,从 16 周龄之后,就应注意供给营养平衡的蛋白质,让小母鸡的卵巢能顺利发育,适时开产。育成后期的已到鸡群特别需要注意,因为夏季耗料少,体重增长和卵巢发育受影响,而使小母鸡开产推迟。

4.体重与性成熟

(1)同一品种的鸡,大致都在一定体重时开产,所以体重大的青年鸡先开产,体重小的鸡后开产。

(2) 鸡的体重大小大致在 20~25 周时已经定型,在这之后无论怎样努力,体重小的鸡也难以改变其在鸡群中体重小的位置。所以必须在育成前期注意鸡群的体重,及时分出体重小的鸡单独组群,给予优良待遇。

(3)体重小的鸡不仅开产晚,体质也差,一般产蛋少。体重大的鸡易提前开产,过肥的鸡身体负担重,一般产蛋不会持久,所以维持鸡群的正常体重(标准体重)具有重要意义。

5.鸡群均匀度与产蛋性能

对每只鸡来讲,开产的第一周是产蛋的练习阶段,第二周开始就进入高产期,如果鸡群体重很不均匀,大多数鸡不能在相近的日龄开产,开产之后产蛋率上升缓慢,产蛋高峰不高,高峰很难维持长久。所以,在育成期 1~2 周抽测鸡群的体重,了解鸡群的均匀度和变动,并及时调整饲养管理,是一件不可忽视的工作。

6.育成鸡的限制饲养

育成后期应采取限制饲养,特别是对中型蛋鸡,目的是防止育成鸡在 12 周龄之后体内沉积过多脂肪,影响产蛋能力的发挥。是否采取限制饲养,明智的措施是每周抽测体重。寒冷季节气温低,鸡的热量损耗大,食欲比较好,不加控制就可能造成育成鸡过肥。目前市场上出售的饲料,为了降低成本,一些杂饼、粕的利用量较大,饲料的能量水平比较低,本身就已经起到限制饲养的作用了,所以一般情况下,饲喂量维持在鸡熄灯前能吃尽就可以了。当然,主要还是根据每周称测的体重情况来调整饲喂量和饲料的营养水平。

7.防止开产推迟的方法

实际生产中,5、6、7 月培育的雏鸡容易出现开产推迟的现象,造成这种现象的原因大多是雏鸡在度夏期间采食的营养不足,体重落后于标准。

针对这些容易推迟开产的鸡群,在培育过程中可以采取以下措施:

(1)育雏期夜间适当开灯补饲,使鸡的体重接近于标准。

(2) 在体重没有达到标准之前持续用营养水平较高的育雏料。

(3)在高温的夏季,鸡食欲不佳,为达到一定的增重速度,应提高饲料的能量水平和限制性氨基酸的水平。

(4)适当提高育成后期饲料的营养水平,使育成鸡 16 周后的体重略高于标准。

(5)在 18 周龄之前开始增加光照时间。

产蛋高峰在夏季的青年母鸡,因为天气炎热采食量受影响,摄入的营养难以满足需要。除提高营养水平外,在育成后期稍超点体重,多储备点营养有利于安全度过夏季高温期。

育成期的饲养密度及环境要求

1.育成期的饲养密度

育成期饲养的主要目标是为维持一个较高的产蛋水平打好基础。育成鸡有一个合理的采食、饮水、活动空间，有利于育成鸡体质生长和培育出均匀一致的鸡群。饲养密度过大，可能造成饲养环境的恶化，影响生长和降低抗病力，特别是采食、饮水位置不足，会使部分鸡体质下降，增重落后于全群；饲养密度过小，造成人员和设备的浪费，增加了育成鸡的饲养成本。

不同饲养条件下的密度要求

	6~10 周龄	10~18 周龄
笼养饲养密度 鸡数\平方米 平方厘米\只	 35 285	 28 350
平养饲养密度 鸡数\平方米	 10~12	 9~10
供料 料槽厘米\只	 4	 4
供水 鸡数\饮水乳头 饮水乳头\箱 水槽厘米\只	 2.5 10 2	 2.5 10 2

2.育成期温湿度管理与通风换气

育成期的鸡对温湿度的变动有了很大适应能力，但应该避免急剧的温度变化，日温差最好控制在 8℃之内。适宜温度为 20℃~21℃，温度稍高些能节省饲料，实际生产中舍温在 13℃~26℃的范围内，不会有多大影响。如果舍温在 10℃以下或 30℃以上，会对育成鸡的生长造成不良影响，应该采取适当的对策。一定范围之内的舍温变化对鸡是一种有益的刺激，有利于提高鸡对环境的适应能力。

育成鸡对环境湿度不太敏感，湿度在 40%~70%范围之内都能适应。但地面平养时应尽力保持地面干燥。

育成鸡舍在温度不太低的情况下，应该加大通风换气量，尽可能地减少舍内的氨气、尘埃，即使在冬季，也应设法保持舍内的空气清新。

3.光照管理与性成熟

不同季节培育的雏鸡性成熟日龄不一样，每年 10 月至次年 2 月引进的雏鸡由于生长后期处在日照时间逐渐缩短的时期，鸡群容易推迟开产。

鸡群过早或过晚开产都会严重影响经济效益。如果鸡体重不足而及早开产，常因小母鸡采食的饲料不能满足各方面的营养需要，结果导致体重增长迟缓、瘦弱，蛋重小，易发脱肛和被啄肛的现象等。由于体质差，缺乏维持长期高产的体力，一般产蛋高峰维持的时间不长。同时，在产蛋高峰期鸡体负担沉重，抵抗力下降，容易感染种种疾病而使产蛋率不稳定或突然下降。开产过早的鸡群的死淘率一般都要超过正常鸡群数倍，所以鸡群不是越早开产经济效益越高。相反，如果到了该产蛋的日龄仍不开产，推迟一天就要多花一天的育成费用。要有计划地让鸡群在适当的日龄开产，控制性成熟就成了育成鸡管理中的一个重点。现在的鸡群在 140~150 日龄后开产较为合适，技术经验不足的情况下，稍晚一点开产较为安全。对不同季节的育成鸡采取不同的光照程序，可以使鸡群都在适宜的日龄开产。一般原则上要在育成期，特别是育成后期的 2~3 个月内每天光照时间稳定或光照时间逐渐缩短。

不同条件的鸡舍需采取不同的光照程序。

(1)开放式鸡舍。对每年 4—8 月间引进的雏鸡，由于育成后期的日照时间是逐渐缩短的，可以直接利用自然光照，育成期不必再加人工光照。

对每年 9 月中旬至来年 3 月引进的雏鸡由于育成后期日照时间逐渐延长，需要利用自然光照加人工光照的方法来防止其过早开产。具体方法有两种：一是光照时间保持稳定法，即查出鸡群在 20 周龄时的自然日照时数，如是 14 小时，则从育雏开始就采用自然光照加人工补充光照的方法，一直保持每日光照 14 小时至 20 周龄，再按产蛋期的要求，逐渐延长光照时间。二是光照时间逐渐缩短法：先查出鸡群 20 周龄时的日照时数，将此数再加上 4 小时，作为育雏开始时的光照时间。如 20 周龄时日照时数为 13.5 小时，则加上 4 小时后为 17.5 小时，在 4 周龄内保持这个光照时间不变，从 4 周龄开始每周减少 15 分钟的光照时间，到 20 周龄时的光照时间正好是日照时间，20 周龄后再按产蛋期的要求，逐渐增加光照时间。

(2)密闭式鸡舍。密闭鸡舍不透光，完全是利用人工光照来控制照明时间，光照的程序就比较简单。一般 1 周龄为 22~23 小时的光照，之后逐渐减少(每周减 2 小时)，至 6~8 周龄时降低到每天 10 小时左右，从 18 周龄开始按产蛋期的要求增加光照时间。

4.购买青年小母鸡时应注意的事项

购买青年小母鸡时应了解以下情况，以便产蛋期的管理。

(1)鸡群的平均体重和均匀度。

(2)育成期的光照管理方法，以便制订光照程序。

(3)鸡群育成率和健康状况。

(4)育成期免疫程序及当前的抗体水平。

(5)育成期的病历及用药状况。

(6)育成期喂料、供水的方法及所用饲料的营养水平。

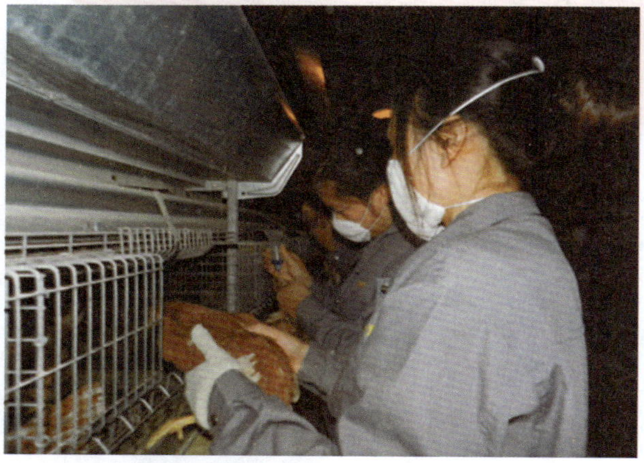

育成期疫苗注射

产蛋前期的管理

1.产蛋前期管理工作的目标

1)让鸡群顺利开产。

2)让鸡群迅速进入产蛋高峰期。

3)减少各种应激,尽可能地避免意外事件的发生。

2.管理要点

(1)给予鸡群安宁稳定的饲养环境

①开产是小母鸡一生中的重大转折,是一个很大的应激。为了寻找一个合适的产蛋场所,小母鸡会提前3~4天不安地各处探索。在笼养情况下,小母鸡没有这种自由,临产前3~4天内,小母鸡的采食量一般都下降15%~20%,开产本身会造成母鸡心理上的很大应激。

②整个产蛋前期是小母鸡一生中机体负担最重的时期。在这段时期内,小母鸡的生殖系统迅速发育成熟,青春期的体重仍需不断增长,大致要增重400~500克。蛋重逐渐增长,产蛋率迅速上升,这对小母鸡来讲,在生理上是一个很大的应激。

③以上情况造成的心理上和生理上的巨大应激,消耗母鸡的大部分体力,使母鸡在适应环境和抵抗疾病方面的机能相对下降。所以必须尽可能地减少外界对鸡的干扰,减轻各种应激,为鸡群提供安宁稳定的生活环境。

(2)满足鸡的营养

①青年鸡自身的体重、产蛋率和蛋重的增长趋势,使产蛋前期成了青年母鸡一生中机体负担最重的时期,这期间青年母鸡的采食量从75克逐渐增长到120克左右,由于种种原因很可能造成营养吸收不能满足机体的需要。为使小母鸡能顺利进入高峰期,并能维持较长期的高产,减少高峰期可能发生的营养上的负平衡对生产的影响,从18周龄开始应该给予高营养水平的产前饲料或直接使用高峰期饲料,让小母鸡产前在体内储备充足的营养和体力。临产前,小母鸡即使体重略高于标准也是有益的,这对高峰期在夏季的鸡群尤其重要。

②小母鸡在18周龄左右,生殖系统迅速发育,在生殖激素的刺激下骨腔中开始形成髓骨,髓骨约占性成熟小母鸡全部骨骼重量的72%,是一种供母鸡产蛋时调用的钙源。从18周龄开始,及时增加饲料中钙的含量,促进母鸡髓骨的形成,有利于母鸡顺利开产,避免在高峰期出现瘫鸡,减少笼养鸡疲劳症的发生。饲料的钙含量应在2%左右。

③对产蛋高峰期在夏季的鸡群,更应配制高能高氨基酸水平的饲料,如有条件可在饲料里添加油脂,当气温高至35℃以上时,可添加2%的油脂,气温在30℃~35℃范围时,可添加1%的油脂。油脂含能量高,极易被鸡消化吸收,并可减少饲料中的粉尘,提高适口性,对增强鸡的体质、提高产蛋率和蛋重是有良好作用的。

④检查饲料是否满足青年母鸡的营养需要。检查营养上是否满足了鸡的需要，不能只看产蛋率情况，青春期的小母鸡，即使采食营养不足，也仍会保持其旺盛的繁殖机能，完成其繁衍后代的历史任务。 在这种情况下，小母鸡会消耗自身的营养来维持产蛋，并且蛋重会变得比较小。所以当营养不能满足需要时，首先表现在蛋重增长缓慢，下小蛋，接着表现在体重增长迟缓或停止增长，甚至体重下降。在体重停止增长或有所下降时，就没有体力来维持长久的高产，因此紧接着产蛋率就会停止上升或开始下降。产蛋率一旦下降，即使采取补救措施也难以恢复了。因此，应尽早关心蛋重变化和体重变化。

周龄与平均蛋重

周龄	21	22	23	24	25	26	27
平均蛋重(g)	45	51	53	54	55	56	57
周龄	28	29	30	31	32	33	34
平均蛋重(g)	58	58	59	59.5	60	60.5	61

褐壳蛋鸡体重标准

产蛋率	见蛋	2%	10%	40%	70%	80%	90%	32 周
体重(g)	1650	1700	1750	1825	1900	1925	1950	2000

白壳蛋鸡体重标准

周龄	20	22	24	30	34	38
体重(g)	1250	1450	1545	1600	1695	1725

凡是体重能保持品种所要求的增长趋势的鸡群，就可能维持长期的高产。为此，在转入产蛋鸡舍后，仍应掌握鸡群体重的动态，一般固定30~50 只鸡做上记号，1~2 周称测一次体重。在正常情况下，开产鸡群的产蛋率每日能上升 3%~4%。

(3)光照管理

产蛋期的光照管理需要根据育成阶段的光照情况来决定。

①饲养于非密闭鸡舍的育成鸡，如转群处于自然光照(即白昼时间)逐渐增长的季节，且鸡群在育成期完全采用自然光照，转群时光照时数已达 10 小时或 10 小时以上，转入蛋鸡舍时，不必补以人工照明，待到自然光照开始变短的时候，再加人工照明予以补充。人工光照补充的进度是每周增加 0.5 小时，最多 1 小时，也有每周只增加 15 分钟的。当自然光照加人工补充光照共计为 16 小时时，则不必再增加人工光照。

如转群处于自然光照逐渐缩短的季节，转入蛋鸡舍时自然光照时数虽有 10 小时，甚至更长一些，但在逐渐缩短，则应立即加补人工照明。补光的进度是每周增加 0.5 小时，最多 1 小时，当光照总时数达 16 小时，即可维持恒定。

②饲养在密闭鸡舍完全人工控制光照的育成鸡，18 周龄转入同类鸡舍时，按每周增加到 16 小时的时候，维持恒定光照时数即可。

③产蛋鸡的光照强度。产蛋阶段鸡需要的光照强度比育成阶段强约 1 倍，应达到 5 瓦 / 平方米。

鸡获得的光照强度和灯间距、悬挂高度、灯泡瓦数、有无灯罩、灯泡清洁程度等因素有密切的关系。用自然光照时则和窗户大小、窗间距、窗台高低和窗户数量等有关。人工照明的设置：灯间距 2.5~3.0 米，灯高(距地面)1.8~2.0 米，灯泡功率 45 瓦。行与行间的灯应错开排列，这样能获得较均匀的照明效果。每周至少要擦一次灯泡，损害的灯泡要及时更换。

产蛋高峰期的管理

1.蛋鸡产蛋高峰期管理注意事项

本期管理的重点在于尽可能地让鸡维持较长的产蛋高峰。应该注意以下事项。

(1)长期的高产是和健康、体力充沛密不可分的,所以在管理上必须以维护鸡健壮的体质为中心。

(2)在营养上要满足产蛋鸡的需要,给予优质的蛋鸡高峰饲料。根据季节变化和鸡群采食量、蛋重、体重以及产蛋率的变化,调整好饲料的营养水平。

(3)尽可能地维持鸡舍环境的稳定,减少各种应激因素的干扰。

(4)注意鸡舍内外卫生,坚持日常消毒工作,注意监测鸡群的抗体水平,必要时追加免疫。

(5) 根据鸡群情况必要时进行预防性投药,或每隔 1 个月投 3~5 天的广谱抗菌药。

2.产蛋高峰期日常管理

(1)生产记录

每天都应填写生产记录表格,生产记录的主要内容有:鸡群异动及原因、产蛋数量、耗料量、当日进行的重要工作和发生的特殊情况等。

(2)饲喂次数及方法

日喂 2~3 次,每次喂料不宜过多,以夜间熄灯之前无剩余饲料为宜。第一次喂料必须喂足料,时间一般在上午 7:00~8:00,投料量占全天计划喂料量的 1/3,第二次喂料时间一般在下午 1 时左右, 投料量为全天计划喂料量的 1/4,第三次喂料时间在下午 6 时左右, 投料量为全天计划喂料量的 1/3,余下的料在晚上关灯停止光照之前 1 小时左右补给缺料的地方, 使生产性能高,需料多的鸡不至于空槽。

每次投料时应边投边匀,使投入的料均匀分布于料槽里, 投料后约 20 分钟内采食很快,以后就会“食匀料”。这时候槽里的料还比较多,鸡会很快地把槽里的料勾到槽外,既造成饲料的浪费,又影响了其他鸡的采食,所以要早些匀料,还要经常检查,见到料不匀的地方就随手匀开。

(3)饮水管理

在气候温和的季节里,鸡的饮水量通常为采食量的 2~3 倍, 寒冷季节是采食量的 1~2 倍, 炎热季节饮水量显著增加, 可达采食量的 4~6 倍。各种原因引起的饮水不足,都会使饲料采食量显著降低,从而影响产蛋性能,甚至影响健康状况,因而必须重视饮水和管理。

笼养蛋鸡的饮水设备有两种: 一是水槽,另一是乳头饮水器。用水槽供水要特别注意水槽的清洁卫生,必须定期刷拭清洗水槽。通常冬季隔 2~3 天,春秋隔 1 天,夏季每天刷一次水槽。水槽要保持平直,不漏水,长流水的水槽水深应达 1 厘米,太浅会影响鸡的饮水。使用乳头饮水器供水要定期清洗水箱,清洗水箱的次数与水槽相同, 每天早晨开灯后须把水管里的隔夜水放掉,在鸡下笼后要彻底冲洗供水管，清除管内的水垢等沉积物。要经常检查供水状况是否良好，因为乳头饮水器供水系统里有没有水，不像水槽那样一眼就能看出来。

（4）注意观察鸡群，加强管理

喂料时和喂完料后是观察鸡只精神健康状况的最好时机。有病的鸡往往不上前吃料，或采食速度不快，甚至啄几下就不吃了。健康的鸡在刚要喂料时就表现出骚动不安的急切状态，喂上料后便埋头快速采食。

发现采食不好的鸡时，要进一步仔细观察它的神态、冠髯颜色和被毛状况等，挑出来隔离饲养治疗，或淘汰下笼。

饲养人员每天还应注意观察鸡只排粪状况，从中了解鸡的健康情况。例如：黄曲霉毒素中毒、食盐过量、副伤寒等疾病排水样粪便；急性新城疫、禽霍乱等疾病排绿色或黄绿色粪便；粪便带血可能是混合型球虫感染；黑色粪便可能是肌胃或十二指肠出血或溃疡；粪便中不定期带有大量白色尿酸盐，可能是肾脏有炎症或钙磷比例失调、痛风等。

在观察鸡群的过程中，还要注意笼具、水槽、料槽的设备情况，看看笼门是否关好，料槽挂钩、笼门铁丝头会不会刮到鸡等，以防跑鸡或刮伤鸡只。

（5）环境卫生管理

①保持清洁、定期消毒。要保持鸡舍内外和场地的清洁卫生，清除杂草、杂物。鸡舍内每周做1~2 次带鸡空气消毒，常用的有 5%~10%的漂白粉上清液、0.1%~0.5%的过氧乙酸液。鸡舍、生产区的门口常用 3%的火碱液做消毒池的药液。冬季结冰季节可用生石灰与漂白粉。场内道路、鸡舍周围每周 1~2 次用 3%的火碱液、5%~10%的漂白粉、的清液上 0.1%~0.5%的过氧乙酸液消毒。鸡舍、生产区的门口常用3%火碱液做消毒池的药液。冬季结冰季节可用生石灰与漂白粉。场内道路、鸡舍周围每周 1~2 次用 3%的火碱液、5%~10%漂白粉上清液或10%~20%生石灰液消毒。

②消灭蚊、蝇、鼠、雀。鸡舍、料库设防鸟网，防止鸟雀从窗户进入。定期投放敌鼠钠盐等灭鼠。在蚊蝇滋生的季节可用敌敌畏液喷杀。

③管好鸡粪、死鸡。清粪后要立即打扫鸡舍、道路，然后喷洒消毒。粪便要集中堆放于专用场所，雨季要特别注意防止粪便流溢。死鸡要挖坑深埋，剖检死鸡的场所要及时清除血污、胃肠内容物、羽毛等，并和尸体一起深埋掉，剖检现场清理干净后还需泼洒消毒药物。

4）其他。免疫之后清洗消毒注射器的污水、疫苗瓶（活苗）、棉球等要妥善处理，不得随意丢弃。

产蛋后期的管理

当鸡群产蛋率由高峰降至80%以下时，就转入了产蛋后期的管理阶段。

鸡群产蛋率由高峰期降至80%，各鸡种间虽有差异，但大多数在40~50周龄。这时的鸡群只生产出了60%左右的蛋，另有40%左右的蛋仍未产出，仍有很大价值。因此，加强鸡群产蛋后期的管理也是具有重要意义的。

1.产蛋后期的管理目标

（1）确保鸡群能如标准产蛋曲线那样使产蛋率缓慢降低，尽可能地延长产蛋期。

（2）减少鸡蛋的破损率，尽可能地提高蛋的商品率。

（3）控制鸡的体重增加，防止体重过大、过肥而影响产蛋，同时节省饲料成本。

2.产蛋后期鸡群的特点

（1）鸡群产蛋性能逐渐下降，蛋壳逐渐变薄，破损率逐渐增加。

（2）鸡群产蛋所需的营养逐渐减少，多余营养有可能变成脂肪使鸡变肥。

（3）由于在开产后一般不再进行免疫，到产蛋后期抗体水平逐渐下降，对疾病的抵抗力也逐渐下降，并且对各种应激比较敏感。

3.产蛋后期的管理

（1）产蛋后期的营养调整

该阶段应对日粮中的营养水平加以调整，以适应鸡的营养需求并减少饲料浪费，降低饲料成本。

1）营养调整的方法。

①降低日粮中的能量和蛋白质水平，轻型蛋鸡（白壳）代谢能降低到每只鸡每日2600大卡，粗蛋白质降低到每只鸡每日16克；中型蛋鸡（褐壳）代谢能降低到每只鸡每日2650大卡，粗蛋白质降低到每只鸡每日18克。

②增加日粮中的钙，每只鸡每日摄取钙量提高到4~4.4克。

③限制饲料摄取总量。轻型蛋鸡（白壳）产蛋后期一般不必限饲。中型蛋鸡（褐壳）为防止产蛋后期过肥，可进行限饲，但限饲的最大量为采食量的6%~7%。

2）营养调整时应注意的事项。

①适时调整日粮营养水平，当鸡群产蛋率下降时，不要急于降低日粮营养水平，而要针对具体情况进行具体分析，排除非正常因素引起的产蛋率下降，鸡群异常时不调整日粮，正常情况下，产蛋后期鸡群产蛋率每周应下降0.5%~0.6%。降低日粮营养水平应在鸡群产蛋率持续低于80%的3~4周后开始。

②营养调整应逐渐过渡。因为高产蛋鸡对饲料营养的反应极为敏感，换料过程应逐渐过渡，不可突然更换。换料时应将新的产蛋后期饲料与原有产蛋高峰期饲料混合饲喂2~3天，逐渐过渡到全部饲喂产蛋后期饲料。

③注意日粮中钙源的供给形式，每日供应的

钙源至少有50%以3~5毫米的颗粒形式供给，这样能增加鸡对钙的吸收率。

④在炎热的夏季不可轻易降低日粮营养水平。夏季气候炎热，没有出现高峰期的鸡群，其后期生产成绩也不可能好。

⑤产蛋后期的限饲要慎重进行。产蛋后期的限饲要在充分了解鸡群状况的条件下进行，每4周抽称一次体重，将称重结果与本品种饲养手册的标准体重进行对比，体重超重了再进行限饲，直到体重达标。

（2）及时剔除病弱、寡产鸡

饲养蛋鸡是为了得到鸡蛋，如果鸡不再产蛋就应及时剔除，以减少饲料浪费，降低饲料费用，同时部分寡产鸡是因病休产的，这些病鸡更应及时剔除，以防疾病扩散，一般每2~4周检查淘汰一次。据我们调查，病弱、寡产鸡在产蛋后期可占全群的3%~5%，差的鸡群可超过10%。从以下几方面可挑出病弱、寡产鸡。

1）看羽毛。产蛋鸡羽毛较陈旧，但不蓬乱，病弱鸡羽毛蓬乱，寡产鸡羽毛脱落正在换羽，或羽毛新洁已提前换完羽。

2）看冠、肉垂。产蛋鸡冠、肉垂大而红润，病弱鸡苍白或萎缩，寡产鸡已萎缩。

3）看粪便。产蛋鸡排粪多而松散，呈黑褐色，顶部有白色尿酸沉积或呈棕色（由盲肠排出），病鸡有下痢且颜色不正常，寡产鸡粪便较硬呈条状。

4）看耻骨。产蛋鸡耻骨间距（竖裆）在2指（35毫米）以上，耻骨与龙骨间距（横裆）4指（70毫米）以上。

5）看腹部。产蛋鸡腹部松软适宜，不过分膨大或缩小，有淋巴白血病、腹腔积水或卵黄腹膜炎的病鸡，腹部膨大且腹内可能有坚硬的疙瘩，寡产鸡腹部狭窄收缩。

6）看肛门。产蛋鸡肛门大而丰满，湿润，呈椭圆形。寡产鸡肛门小而皱缩，干燥，呈圆形。

（3）减少破损，提高蛋的商品率

鸡蛋的破损给蛋鸡生产带来相当严重的损失，特别是产蛋后期更加严重。

1）造成产蛋后期蛋破损的主要因素。

①遗传因素。蛋壳强度受遗传影响，一般褐壳蛋比白壳蛋蛋壳强度高，破损率低，产蛋多的鸡比产蛋少的鸡破损率高。

②周龄。鸡开产后随鸡的年龄增长，蛋逐渐增大，随着蛋的增大，其表面积也增大，蛋壳因而变薄，蛋壳强度降低，蛋易破损，后期破损率高于全程平均数。

③某些营养不足或缺乏。如果日粮中的维生素D_3、钙、磷和锰有一种不足或缺乏时，都会导致蛋壳质量变差而容易破损。磷在日粮中的含量不宜过高，钙磷比例不平衡也会使蛋壳强度下降。在上文中，对不同阶段不同鸡种的营养需求都有要求，可作为参考。

④疾病。鸡群患有传染性支气管炎、减蛋综合征、新城疫等疾病后一段时间，蛋壳质量下降，软壳、薄壳、畸形蛋增多。产蛋后期鸡群抗体水平低时更应注意。

⑤鸡笼设备。当笼底网损坏时，易刮破鸡蛋。滚蛋网角度过大时，鸡蛋易滚出集蛋槽摔破；角度较小时，鸡蛋滚不出笼易被鸡踩破。鸡笼安装不合理也易引起蛋被鸡啄食。

⑥蛋的收集。每天捡蛋次数过少，常使先产的蛋与后产的蛋在笼中相互碰撞而破损。

产蛋鸡季节性管理

鸡对能量的需求受环境温度影响比较大，当环境温度高于适宜温度上限时，鸡的能量需求量降低。据测定，环境温度每上升 1℃，鸡维持需要的能量降低 4%。鸡舍环境温度低于适宜温度下限时，鸡对能量的需求量增高，温度每下降 1℃，维持需要的能量增加 0.6%。产蛋鸡的适宜温度区为 10℃~25℃。因此，在不同的季节里要根据气候变化等环境因素以及鸡群自身的情况，调整日粮并采取综合性措施来管理鸡群，这样才能使产蛋高峰期鸡的优良生产性能得到充分的发挥。

1.春季管理

春季气候由冷变暖，气温逐渐回升，日照时间逐渐增长，是鸡群产蛋的好季节。

初春时节，乍暖还寒，昼夜温差大，应根据情况逐渐撤去防寒设施，要注意避免鸡群受寒。

春季各种病原微生物、蚊蝇等容易滋生繁殖，而多风多雨的气候特点又利于疾病的传播，搞好环境卫生和加强防疫应列为日常管理工作的重点。入春以后，应对鸡舍内外和整个鸡场内外彻底清扫消毒，并加强疾病检测工作，以减少疾病的威胁。

2.夏季管理

夏季饲养管理的主要任务是防暑降温，并保证摄入足够的营养。酷暑使鸡群长时间喘息，饮水量大增而食欲下降，采食不足，很容易造成产蛋率和体质的下降，并影响抗病能力，可以把鸡喘息看作鸡受热应激的标志，鸡每天热喘息的时间越长，对生产和体质的影响越大，因此本季工作的重点在于防暑，创造条件让鸡群安全度夏。

（1）设法增强屋顶和墙壁的隔热能力，减少进入舍内的太阳辐射热。

（2）在窗外搭遮阳棚，或利用黑色编织袋在窗口挡光。

（3）入夏前清除舍内累积的鸡粪，减少鸡粪在舍内的产热。

（4）改善通风条件，有条件的鸡场可采用纵向通风，舍内喷雾，利用水的蒸发来降低舍温。

（5）让鸡喝上清凉的饮水，使用乳头饮水器的鸡舍，应该每隔 2 小时即在水管末端放一次水，使水管内的水有较低的温度。

（6）可使鸡群能采食较多的饲料，应尽可能地提早给料时间。

（7）酷暑期间，鸡的采食量少，为满足鸡体对能量和蛋白质等的营养需要，应该增加饲料的营养浓度。

（8）提高鸡的抗热应激能力，可在饲料中倍量使用维生素，并在饲料中按每千克饲料 150 毫克的量补充维生素 C。

（9）暑热鸡群饮水量过大，消化液被稀释，使消化道的消化和防卫能力减弱，此时定期地添加抗生素预防消化疾病或使用益菌素维护消化道的菌群平衡很有必要。

10)暑热期间是各种微生物繁衍的好时机,很容易因卫生问题影响生产成绩。所以每天必须清刷水槽,要加强舍内环境的消毒和注意料槽内的卫生。

3.秋季管理

秋高气爽,天气凉快,鸡的精神、食欲都大有改观,为此人们常常容易放松对鸡群的管理。俗话说“多事之秋”,秋天也是鸡群容易出问题的季节,应该根据季节和鸡群情况注意管理。

1)秋天昼夜的温差增大,时有冷空气由北方南下,使气温骤然下降,所以必须注意天气变化,注意夜间的保暖,避免鸡群因着凉而引发呼吸道疾病。

2)夏至之后,日照时间逐渐缩短,要注意在早晨和夜间补充光照,维持鸡舍的光照时间。一般可在早晨 5 时开灯补光,晚上在 9 时关灯,保持每天 16 小时的光照。

3)进入秋季之后,仍应该根据鸡群情况给予适当的营养,对还在产蛋高峰期的鸡与体况不再理想的鸡,在注意饲料营养浓度、营养平衡的同时,适当多补充些维生素还是有必要的。

4)秋季应做好越冬的准备。对场区环境要进行一次彻底清扫消毒,入冬之前应清理净舍内鸡粪,减少冬季舍内的氨气。应提前做好防寒准备,特别要注意让鸡群免受第一次寒流的冲击。

4.冬季管理

(1)冬季管理的重点在防寒,要尽可能地将舍温维持在 8℃以上。蛋鸡舍饲养密度较大,一般情况下可以靠鸡的体温来维持舍温,但在寒流侵袭的几天之内,采用一些取暖措施是很有必要的,可以减少因为寒冷引起的波动。对背部和颈部羽毛损失较多的老鸡,在低温下容易因散热过多而影响生产成绩,并有可能因此增加 15%~20%的采食量,一般情况下,从 20℃以下舍温每降 1℃,鸡的采食量就可能增加 1%~2%。提高舍温,有利于节省饲料。

(2)在管理中还要注意避免直接吹到鸡身上的“贼风”。通风口应该设置挡风板,一般冬季的通风口应设在鸡舍上方,并利用挡风板使进入的冷空气先吹向上方,与舍内暖空气混合后再降到鸡身上。

(3)冬季容易出现的管理失误是只注意鸡舍的保温而忽视通风换气,这是冬季发生呼吸道疾病的主要原因。由于通风换气不足,很有可能造成舍内氨气浓度过大,空气中的尘埃过多,造成呼吸道黏膜充血、水肿,失去正常的防卫机能,成为微生物理想的繁衍地;而吸入气管内的尘埃又含有大量的微生物,容易发生呼吸道疾病。寒流的袭击、鸡的感冒会使这种情况变得更为严重,所以冬季的管理中,一是要保持鸡舍内有比较稳定的适宜的温度,同时必须注意通风换气,为使舍内污浊有害空气能迅速换成新鲜空气,应该每隔 1~2 小时开几分钟风机,或大敞门窗 2~3 分钟,待舍内换上清洁新鲜的空气后再关上门窗。

(4)冬季鸡的能量需要增加,鸡的采食量增大,通常可以提高饲料的能量水平,适当降低粗蛋白水平。

产蛋期容易出现的问题

1.产蛋率上升缓慢

良好的后备鸡在正确的饲养管理下，22~23周龄时产蛋率即可达50%，2~3周内便上升到80%以上，27~28周龄时产蛋率可超过90%，上升的速度很快。实际生产中常见到不少鸡群开产日龄滞后，开产后产蛋率上升缓慢。其主要原因有如下几方面。

(1)后备鸡培育得不好，生长发育受阻，特别是12周龄之前体重没有达到品种标准，鸡群体重大小参差不齐，均匀度不好。

(2)转入蛋鸡舍后没有及时更换饲料，或是产蛋率达50%时仍使用“蛋前料”没有及时更换成高峰期用的饲料。

(3)饲料品质不好。譬如棉籽饼、菜籽饼等杂饼用量太多；饲料原料掺假，特别是鱼粉、豆粕、氨基酸等蛋白质原料掺假；饲料配方不合理，限制性氨基酸不足或氨基酸比例不恰当；维生素陈旧或保管不当而降低效能，甚至失效。

(4)鸡群开产后气候不好，天气炎热，鸡只采食量不足。

(5)后备鸡曾得过疾病，特别是传染性支气管炎。

(6)鸡群处于亚疾病状态以及非典型性新城疫干扰等。

2.没有产蛋高峰

(1)品种有假。现代蛋用品种的商品代都是由若干个具有高产基因的原种纯系通过严格的数级繁育体系繁殖培育而来的。如果不是按照良种繁育体系繁殖的商品代，不仅不具备杂交优势，甚至会造成杂交劣势，这样的商品代鸡就是伪劣产品，不大可能有产蛋高峰期。用商品代的公鸡和母鸡进行交配繁殖、出售鸡苗的现象，在一些私人鸡场和孵化场并不鲜见，买了这样的雏鸡来养，产蛋时不出现高峰期就不足为奇。

(2)长期过量使用未经脱毒处理的棉籽饼、菜籽饼，使生殖机能受到损害。

(3)药物使用有误。譬如在后备鸡阶段较常使用磺胺类药物，使卵巢中卵泡的发育受到抑制。

(4)后备鸡阶段生长发育受阻，体重离品种要求相差甚多。某种鸡场曾对伊莎褐父母代按体重分组转入产蛋期饲养，其生产记录资料表明，体重在转群时未达到标准80%的两个组的鸡群，在整个产蛋期没有上过高峰，体重达标的鸡高峰期维持了25~30周。

(5)长期使用劣质饲料。

(6)疫病影响。譬如育成阶段鸡群发生过传染性支气管炎，群内会存在为数较多的输卵管未发育的鸡，通常称为“假母鸡”。

(7)鸡舍内饲养环境恶劣，通风不良或光照失误，鸡长期处于应激状态，难以发挥生产潜力。

3.产蛋率突然下降的原因

鸡在连续产蛋若干天后休产 1 天。高产鸡连产时间长，寡产鸡连产时间短，因此鸡群每天的产蛋数量总有些差别。正常情况下，鸡群产蛋曲线呈锯齿状上升或下降。在产蛋高峰期里，周产蛋率下降幅度应该在 0.5%左右，如果产蛋率下降幅度大，或呈连续下降状态，肯定是有问题，这种现象可能是以下几方面因素引起的。

（1）疾病方面

鸡感染急性传染病会使产蛋量突然下降。如受减蛋综合征侵袭时，鸡只没有明显的临床症状，主要是产蛋量急剧下降和蛋壳变薄、软蛋等，产蛋率下降的幅度通常会达到 10%左右，严重的会达到 50%左右。再如新城疫、传染性喉气管炎、传染性支气管炎等疾病都会造成产蛋率较大幅度的下降。

（2）饲料方面

①饲料原料品质不良，例如熟豆饼突然更换为生豆饼，进口鱼粉突然换成国产鱼粉，使用了假氨基酸等等。

②饲料发霉变质。

③饲料粒度太细，影响采食量。

④饲料加工时疏忽大意，漏加或重复添加小料。

（3）管理方面

①连续数天喂料量不足。如某地种鸡场因饲料供应发生问题，连续三四天减少了约 20%的喂料量，鸡群产蛋率平均下降了 15%。

②供水不足。由于停电或其他原因经常不能正常供水，也会引起鸡群产蛋率大幅度下降。

③鸡受惊吓，造成强烈应激，致使鸡的产蛋率大幅度下降，软壳蛋大量增加。

④接种疫苗，连续数天投土霉素、氯霉素等抗生素或投服驱虫药，都会引起产蛋率突然下降，这主要是由于药物副作用引起的。

⑤夏季连续几天的高温高湿天气，鸡群采食量锐减，产蛋率也会显著下降。

⑥光照发生变化。例如停电引起的光照突然停止，光照时间减少。

⑦气候突变，也会造成产蛋率下降。

4.长期产小蛋的原因

小蛋有两种类型：一种是有蛋黄，蛋重明显低于各阶段品种标准；另一种是无蛋黄，大小和鸽子蛋差不多，这都属于畸形蛋类，其原因各不相同。

（1）饲料中的能量、蛋白质过低，长期使用这种饲料会引起能量和蛋白质供应不足，以致蛋重偏小。

（2）饲料摄入量不足。

（3）体重过小。产蛋鸡体重不到标准体重 80%的鸡没有产蛋高峰期，蛋重也小。

4）光照增加过早过快，致使鸡群开产过早。

鸡的传染病预防和常见病防治

导致鸡群发病严重、损失较大的传染病包括高致病性禽流感、新城疫、禽流感、传染性法氏囊炎、马立克病、禽痘、传染性支气管炎、传染性喉气管炎、传染性鼻炎、病毒性关节炎、禽霍乱、鸡白痢、大肠杆菌病、支原体病等。

1.传染病预防措施

（1）消毒

贯穿养鸡全过程，所有养鸡的场点、环境等地面要定期消毒。消毒前将粪沟、地面、墙壁、栏杆、顶棚、窗台、电线等所有地方清洗干净，不留粪渣、灰尘、污物。各种设备物品清洗、消毒后放回原处或安装。在各个入口放置消毒盆，人员进出时脚踏消毒。

（2）免疫接种

针对当地流行的传染病，按疫苗说明书，在兽医人员指导下，确定接种疫苗的时间，然后定期接种。对禽类来讲，国家强制免疫禽流感疫苗，养殖户应该按照当地动物防疫部门的要求接种禽流感疫苗。通常还需要接种新城疫、传染性法氏囊炎和传染性支气管炎等疫苗。

（3）隔离

各个圈舍之间，圈舍和其他农户圈舍之间，养殖人员和贩运人、车之间不直接接触或交叉使用物料、工具。

（4）观察

经常观察鸡群，有吃料减少、体温升高等异常时，尽早采取措施，把传染病消灭在初期。如果怀疑为高致病性禽流感、新城疫等烈性传染病，应立即上报动物疫病预防控制中心或动物卫生监督机构。

（5）诊断

一旦发现发病较多的情形时，请兽医人员指导，必要时采集病料送到实验室化验，确定病因，采取针对性较强的措施。

（6）治疗

除重大传染病以外的病，应采取饲料、饮水中加药，配合保温或防暑等措施，及早隔离、治疗。

（7）淘汰

对发病严重的鸡群和发育不良、产蛋少的鸡应及早淘汰。

（8）清洁

改善饲养条件，保持圈舍清洁，卫生、污水、粪尿要及时定点清除处理。

2.常见病防治技术

（1）禽曲霉菌病

由曲霉菌属真菌引起的多种禽类的真菌病，主要侵害呼吸器官。幼雏多呈暴发性，发病率高，死亡率在10%～50%，成年禽多呈散发。禽类发病的主要特征是肺及气囊发生炎症和形成小结节，故又称曲霉菌性肺炎。防控措施：一是不用发霉垫料和饲料，经常更换和翻晒垫料。二是保持育雏室清洁、干燥，饲槽和饮水器要常洗。育雏室在进雏前应清扫干净，用甲醛熏蒸消毒和用0.3%的过氧乙酸消毒后，方可进雏。三是一旦发病，就用制霉菌素每(100只雏鸡用50万单位)拌料喂服，日服2次，连用2～3天；克霉唑(三苯甲咪唑)，每100只雏鸡用1克，拌料喂服，连用2～3天。两性霉素B可试用。饮水中添加硫酸铜(1：2000倍稀释)，连喂3～5天，也有一定效果。

(2)肉鸡热应激

肉鸡热应激是在炎热气候条件下，肉鸡饲养场户普遍存在的难题之一。发病鸡群表现精神不振，体温升高，张口喘气，翅膀张开，伏卧不动，饮水倍增，采食量显著下降或废绝，排水样稀便，热应激持续时间很长，可致衰竭死亡。防控措施：重视饮水，增加舍内通风，降低鸡群饲养密度。饮水中添加0.2%～0.4%的氯化钾能收到较理想的效果。增加饲料中钾、钠、锌、钙、锰、硒、铜和钼等矿物质的量，饮水中添加1克/升的维生素C。

(3)肉鸡腹水综合征

肉鸡腹水综合征是一种非传染性的肉鸡疾病，最急性型发病鸡多突然拍翅倒地死亡。急性型肉鸡精神不振，步样异常，肉冠发绀，腹部膨大，腰部凹陷，蹲地不愿走动呈企鹅状。防控措施：要注意调整鸡群的饲养密度，防止拥挤；保持鸡舍洁净干燥，空气通畅，温湿度适宜，防过冷、过热等；保证饲料质优无霉烂；对鸡群可用双氢克尿噻片100毫克，加葡萄糖125克，混合后加水20千克，每日2次，连服3天。

(4)脂肪肝综合征

脂肪肝综合征是一种主要发生于笼养产蛋鸡和部分重型及肥胖肉鸡身上的疾病，以肝细胞内沉积大量脂肪、肝包膜下出血为特征。发病后往往需经较长时间的治疗才可见效。防控时注意科学配制日粮，降低饲料中玉米的含量。治疗时每千克日粮添加0.05～0.10毫克的生物素可以降低死亡率。8周龄时应严格控制体重。加强饲养管理，保持鸡舍适宜的温度，尽量减少或避免饲养栏内人员的频繁活动，减少噪音，加强通风，减少对鸡的刺激。鸡群喂全价饲料，对防止脂肪肝综合征的发生有良好的作用。

(5)氨中毒

氨中毒是指鸡由于吸入舍内因粪便、饲料、垫料等腐烂分解产生的大量氨气，导致贫血等损伤性变化，严重时可致死亡。防控措施：要注意及时清除鸡舍内的粪便和垫料，冬季在做好舍内保温与排污除湿外，定期通风换气，保持舍内空气新鲜。还可在鸡舍内地面撒过磷酸钙(0.5千克/10平方米)，每周撒1次；或取食醋0.5千克、水0.5千克盛在砂锅内，在鸡舍内煮沸、蒸发(10分钟/次)，熏蒸结束后务必撤掉加热装置。

怎样防治鸡白痢

鸡白痢是由禽白痢沙门氏菌引起的一种细菌病，2～3 周龄以内雏鸡发病，死亡率高。

1.主要表现

精神差，绒毛松乱，两翼下垂，缩颈闭眼昏睡，不愿走动，拥挤在一起。病初食欲减少，而后停食。排稀薄如糨糊状的白色粪便，肛门周围绒毛被粪便污染或粪便干结封住肛门周围，影响排粪。雏鸡经常因肛门周围炎症引起的疼痛而尖叫，严重者因呼吸困难及心力衰竭而死亡。

雏鸡肛门被粪便污染

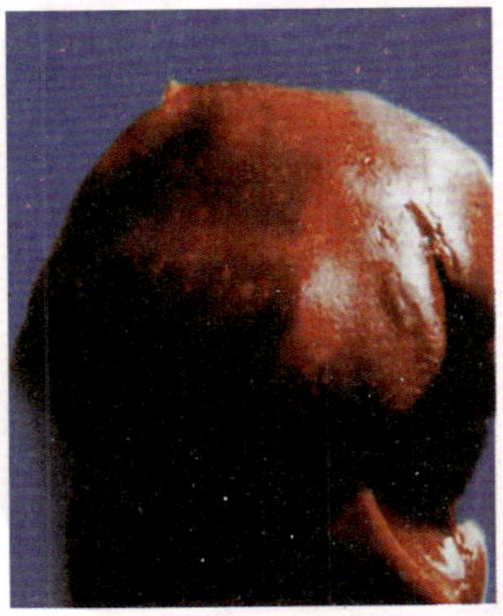
肝脏有小米粒样的坏死灶

成年鸡感染鸡白痢经常没有临床症状，但会造成母鸡产蛋量下降，部分鸡因卵黄囊炎引起腹膜炎，腹膜增生而呈“垂腹”现象。

肝脏肿大，呈土黄色，有砖红色条纹。

2.防控措施

（1）做好清洁消毒

每天打扫鸡舍，保持育雏室的卫生，及时清除粪便，防止粪便污染饲料、饮水、空气、环境等。始终保持鸡舍清洁卫生，一切饲养用具要经常清洗消毒，消毒剂可选用新洁尔灭、强力消毒灵等。孵化器在应用之前，使用甲醛气体熏蒸消毒。

（2）精心饲养管理

使用雏鸡专用饲料。湿度：一般育雏室湿度要求 1～10 日龄在 60%～70%之间，10 日龄以后，一般在 50%～60%之间。温度：3 日龄以内的雏鸡周围的温度要在 33℃～35℃之间，4～日龄天温度 32℃～33℃，以后每周降低 2℃～3℃，到第六周降到 18℃～20℃。光照：有窗鸡舍，除头 2 天 23～24 小时光照外，从第三天起至第二周采用 15 小时光照，以后就采用自然光照直到 20 周龄。密度：依据雏鸡的品种和大小，其密度一般以每平方米面积饲养 10～20 只为宜。每天适当通风。

（3）新买来的雏鸡要隔离观察

发现病鸡立即隔离，死鸡要焚烧或深埋，被病鸡粪便污染的垫草要集中烧毁，被污染的地面要铲除表土，墙壁和围栏等最好进行火焰消毒。清出的粪便要在远离鸡舍的地方发酵处理。最好从没有鸡白痢的养鸡场购买雏鸡。

（4）药物防治

雏鸡出壳后至 5 日龄，每千克饮水加庆大霉素 10 万单位或其他药物。也可以按说明用磺胺二甲氧嘧啶及磺胺增效剂、强力霉素、庆大霉素、氯霉素、环丙沙星等。

怎样防治禽流感

禽流行性感冒简称禽流感，是由流感病毒引起的一种急性、热性传染病。发病率高、死亡率高，没有特效药治疗，以预防为主。禽流感病毒除引起鸡发病外，还可引起其他家禽、野鸟，甚至人和哺乳动物感染发病。

产软壳蛋

1.临床表现

主要表现为鸡群突然发病，病鸡呼吸困难、下痢；鸡冠、肉髯发紫或坏死，有肿头现象；脚鳞出血，呈暗紫红色，脚趾肿胀；病鸡张口喘气，逐步出现打呼噜、打喷嚏、甩头、呼吸困难。未接种疫苗的鸡群发病率高。禽流感可使产蛋量下降30%～70%，甚至停产，蛋壳颜色变浅，软壳蛋、沙皮蛋增多。但有的禽流感表现为轻微呼吸症状。

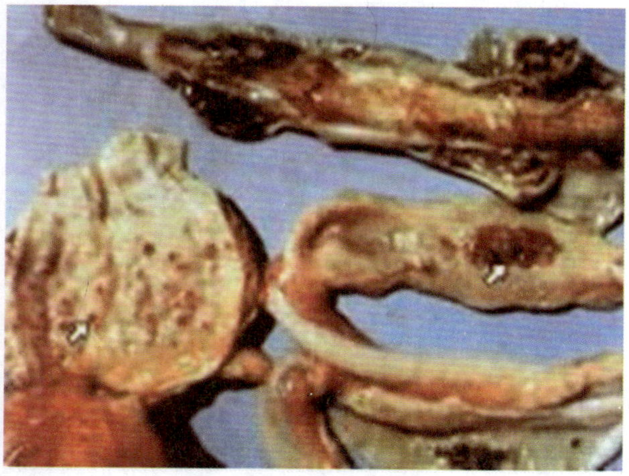

鸡的胃、肠出血

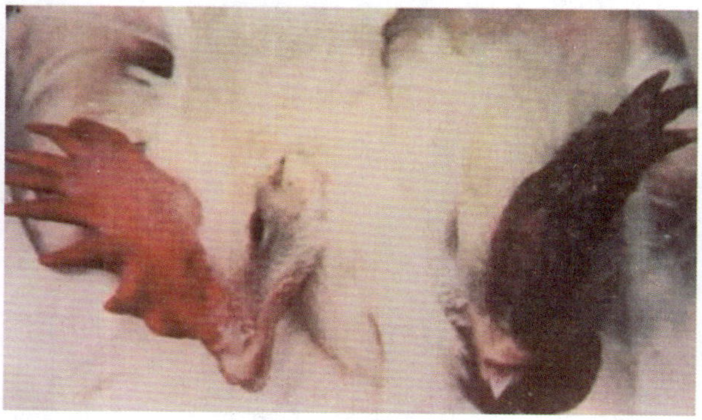

病鸡鸡冠发紫

发病急死亡多

2.防控措施

（1）加强饲养管理，做好消毒工作

使用市场上出售的预混料或浓缩料配合自家的玉米、麸皮等饲养。

禽舍经常通风换气，保持舍内空气均匀、清洁。禽舍内的鸡不宜养得太多太拥挤，随着雏鸡日龄的增长逐渐扩大育雏围栏，逐步增加通风换气量，冬天要防止贼风。刚孵出 1 周内的雏鸡适宜温度为 30℃～33℃，所以最好使用育雏伞。之后的小鸡舍温度逐渐降到 22℃～24℃，当温度降到 16℃时达到发病临界温度，当免疫或天气变化时，鸡舍温度要适当提高 0.5℃～1℃，避免短时间内鸡舍出现较大的温差变化。

禽舍每周消毒 3 次左右，消毒可用菌毒敌、百毒杀、碘伏、灭毒净等。禽舍的粪便、污物等一定要集中到固定的地方，堆积发酵。

（2）做好疫苗接种工作

养鸡户可以与当地乡镇畜牧兽医站或县动物疫病预防控制中心联系，春、秋两季用禽流感灭活疫苗各进行一次集中全面免疫（0.5 毫升 / 只），每月定期对新孵化或买来的雏鸡补充接种一次疫苗。当周围鸡场发病时，要对鸡群重新紧急接种一次疫苗。

（3）积极配合防疫工作

积极配合动物卫生监督所的检疫及饲养、运输、流通和市场各个环节的监督检查工作，防止禽流感的传播。

（4）及时报告疫情

发现鸡突然发病，发病和死亡的较多，有发热、产蛋量减少等表现时，在及时向当地动物疫病预防控制机构或动物卫生监督机构报告的同时，不要随意丢弃病死鸡，更不能低价出售病鸡。

当认定是高致病性禽流感疫情时，养殖户要配合，由当地政府严格按《重大动物疫情应急条例》处置。

（5）注意个人防护

发生类似高致病性禽流感疫情时，要比平时更注意戴口罩、穿工作服、消毒等个人防护。如饲养员等亲密接触鸡群的人员同时有发热等感冒症状的，应及时到医院发热门诊治疗。

其他不明事项可以随时拨打 12316 电话询问。

鸡新城疫

鸡新城疫是由鸡新城疫病毒引起鸡的一种急性、高度接触性传染病。常呈败血症经过。主要特征是呼吸困难、下痢、神经机能紊乱、黏膜和浆膜出血。近年来又出现了症状和病变都不典型的“非典型新城疫”，易与禽流感、禽霍乱、鸡传染性喉气管炎、鸡传染性支气管炎等病相混淆，给诊断和防制工作带来一定困难。

在鸡中各种年龄的鸡均可发病，以幼雏和中雏最为常见。非典型新城疫多发生于免疫鸡群，以30～40日龄左右的雏鸡发病较多，雏鸡和成年鸡的发病率与病死率均不高。病鸡和带毒鸡是传染源，病鸡在出现症状前24小时，口、鼻分泌物和粪便内均含有病毒；痊愈鸡多数在症状消失后5~7天停止排毒，慢性病鸡带毒和排毒时间较长。易感鸡主要经呼吸道和消化道感染，也可通过交配、创伤而感染。

1.症状和病变

潜伏期一般为3～5天(2～14天)。在临诊上分为典型新城疫和非典型新城疫两种。

(1)典型新城疫根据临床表现和病程长短可分为最急性型、急性型、亚急性型或慢性型。

①最急性型多见于流行初期和雏鸡，无特征症状，突然死亡。

②急性型此型最为常见。初体温升高43℃~44℃，采食减少或不吃，但有渴感。精神萎顿，不愿走动、垂头缩颈、翅膀下垂、眼半开半闭似昏睡状。鸡冠、肉髯呈暗红色或暗紫色。此时母鸡产蛋停止或产软蛋。随着病程的发展，出现比较典型的症状，病鸡咳嗽，呼吸困难，常伸头张口呼吸，并发出“咕噜、咕噜”的喘鸣声或尖锐的叫声。口角流有大量黏液，为了排除黏液病鸡常摇头或吞咽。嗉囊内充满液体内容物，倒提时常有大量酸臭的液体从口流出。病鸡下痢，排黄绿色或黄白色恶臭粪便，有时混有少量血液，后期排蛋清样排泄物。有的还出现神经症状，翅、腿麻痹，最后体温下降，昏迷而死。病程2～5天，病死率高达80%～100%。

③亚急性型或慢性型初期症状与急性相似，不久减轻，同时出现神经症状。病鸡翅、腿麻痹，跛行或站立不稳，头颈向后或

向一侧扭转，常伏地旋转，反复发作，终成瘫痪、半瘫痪。病程10～20天，病死率较低，多见于流行后期的成年鸡。

典型的病理变化是全身黏膜和浆膜出血，尤以消化道和呼吸道最为明显。腺胃黏膜水肿，乳头或乳头间有明显的出血点或溃疡。小肠、盲肠、直肠黏膜有大小不等的出血点，有的形成假膜，有的形成溃疡。盲肠扁桃体常见肿大、出血和坏死。气管充血、出血。肺有时瘀血或水肿。

（2）非典型新城疫临诊表现不明显。雏鸡主要表现呼吸道症状，张口伸脖，呼吸困难，咳嗽气喘。口腔中黏液较多，不时摇头或甩头。当呼吸系统症状减轻时，趋向于康复，少数病鸡遗留歪头、扭颈、观星、站立不稳、翅下垂或腿麻痹等神经症状。产蛋鸡主要表现产蛋量下降，软蛋、畸形蛋较平时明显增多，伴有轻微的呼吸道症状。

病变不典型，多数病例见不到腺胃乳头出血或出血不明显，盲肠扁桃体肿胀、出血，直肠黏膜条状出血。以呼吸道症状为主的病例，气管腔内有多量黏液，气管黏膜肥厚；气囊浑浊，气囊膜增厚并有干酪样渗出物。

2.防制

（1）执行严格的卫生防疫制度

防止一切带毒动物（特别是鸟类）及污染品将病原带入鸡群，工作人员不准在自家饲养鸡、水禽和其他鸟禽类。

（2）免疫接种

①疫苗种类：当前国内使用的新城疫疫苗有活苗和死苗两大类。活苗有Ⅰ系、Ⅱ系、Ⅲ系、Ⅳ系、V_4苗以及克隆C30和克隆N_{79}苗。死苗主要是油乳剂灭活苗。

新城疫疫苗除了以上单苗外，还有好多联合苗，在实际中选择应用时要根据当地新城疫和其他鸡病的流行情况、鸡场规模大小、饲养方式、不同饲养阶段以及可行的免疫方法来决定。

②首免日龄和免疫程序：免疫母鸡可将抗体通过卵黄传给雏鸡，雏鸡在3日龄时抗体滴度最高，以后逐渐下降，最好在1周龄时首免。有免疫监测条件的鸡场可定期测定鸡群抗体水平，根据鸡群抗体消长情况，适时制定符合本场的免疫程序。无监测条件的小鸡场、专业户可参考以下免疫程序。

针对蛋鸡和种鸡于7～10日龄接种Ⅱ系或Ⅳ系苗，25～30日龄重复上述免疫，60日龄注射Ⅰ系苗，120～140日龄注射Ⅰ系苗或油乳剂灭活苗。针对肉鸡只需上述程序中的前2次免疫即可。

传染性支气管炎

鸡传染性支气管炎是由鸡传染性支气管炎病毒引起鸡的一种急性、高度接触性传染病，简称“传支”。其特征是咳嗽、打喷嚏和气管发生啰音，雏鸡还可出现流涕；产蛋鸡产蛋减少和蛋的质量低劣；肾型传支可见白色水样下痢，肾肿大，有尿酸盐沉积。

该病具有高度传染性，感染鸡生长受阻，耗料增加。产蛋和蛋质量下降，死淘率增加。幼雏感染除引起高的死亡率外，还可造成母雏永久性的输卵管退化，失去生产性能。发生本病后还易继发感染大肠杆菌病等多种传染病。

本病无季节性，传播迅速，几乎在同一时间内有接触史的易感鸡都发病，这是本病很重要的特征。过热、严寒、拥挤、通风不良、接种疫苗、以及维生素、矿物质和其它营养物质缺乏等均可促进本病的发生。

1. 症状和病变

潜伏期36小时或更长一些。雏鸡见不到前驱症状，而是突然出现呼吸道症状，并迅速波及全群。这是本病的特征。

6周龄以下的鸡，呼吸困难，常表现伸颈、张口呼吸、并发出特殊叫声，打喷嚏。精神萎顿，羽毛蓬乱，昏睡、两翅下垂，采食减少。个别鸡鼻窦肿胀，流黏性鼻液，眼泪多；逐渐消瘦，康复鸡发育不良。

6周龄以上的鸡，仅表现气管啰音、咳嗽、气喘，同时伴有减食、精神萎顿或下痢症状。

产蛋鸡出现轻微的呼吸道症状，伴有产蛋量下降，产软壳蛋、畸形蛋或粗壳蛋；蛋的质量变差，蛋白稀薄如水，蛋黄和蛋白分离，蛋白粘着于壳膜表面等。

肾型毒株感染鸡，呼吸道症状轻微或不出现，主要引起肾炎，多发生于10～50日龄的鸡，以20～30日龄雏鸡最为常见。病鸡精神萎顿，持续排白色稀粪或呈水样下痢，迅速脱水消瘦，饮水量增加。

病程一般为1～2周，有的拖延至3周。雏鸡的死亡率可达25%～90%，6周龄以上的鸡死亡率很低，康复鸡具有免疫力。

雏鸡如早期感染，可造成输卵管永久性损害，有相当多的母雏输卵管发育受阻，成为外观正常但不产蛋的假母鸡。

主要病变是气管下段、支气管、鼻腔和

窦内有浆液性、卡他性或干酪样渗出物。气囊可能浑浊或含有黄色干酪样渗出物。在死亡鸡的气管后段或支气管中可能有一种纤维素性干酪样栓子。在大的支气管周围可见到小灶性肺炎。产蛋母鸡的腹腔内可以发现液状的卵黄物质，卵泡充血、出血、变形。18日龄以内感染传染性支气管炎的失去产蛋能力的成年母鸡，可见输卵管发育异常，呈稚型或萎缩。

肾病变型传染性支气管炎，可见肾肿大、苍白，呈现斑驳状的“花斑肾”，肾小管和输尿管因尿酸盐沉积而扩张。在严重病例，白色尿酸盐可沉积于其他组织器官表面。

2.防制

(1)严格执行隔离、检疫等卫生防疫措施。鸡舍内要注意通风换气，防止过挤，注意保温，加强饲养管理，补充维生素和矿物质饲料，以增强鸡体抵抗力。同时配合疫苗进行人工免疫。

(2)疫苗有H_{120}、H_{52}及其油乳剂灭活苗。H_{120}毒力较弱，对雏鸡安全；H_{52}毒力较强，适用于20日龄以上的鸡；油乳剂灭活苗对各种日龄的鸡均可使用。

(3)免疫程序：为5～7日龄首免，用H_{120}滴鼻或饮水；25～30日龄二免，用H_{52}滴鼻或饮水；种鸡于120～140日龄三免，用油苗注射。

本病尚无特效疗法，发病鸡群要注意保暖、通风换气和带鸡消毒，增加多维素饲用量。为了补充钠、钾损失和消除肾脏炎症，可以给予复方口服补液盐或含有柠檬酸盐或碳酸氢盐的复方制剂。如有细菌继发感染可使用抗生素治疗。

鸡马立克氏病

鸡马立克氏病是由马立克氏病病毒主要引起鸡的一种淋巴组织增生性传染病。其特征是外周神经、性腺、虹膜、各种内脏器官、肌肉和皮肤发生单核细胞浸润，是一种淋巴瘤性质的肿瘤疾病。

本病主要感染鸡，不同品种或品系的鸡均可感染。感染时鸡的年龄对发病的影响很大，特别是在出雏和育雏的早期阶段感染可导致很高的发病率和死亡率。母鸡比公鸡更易感染。病鸡和带毒鸡是主要的传染源，病毒存在于病鸡羽毛囊上皮细胞中，可随脱毛、掉皮屑排出，随尘埃漂浮于鸡舍空气中，长时间保持传染性。易感鸡主要经呼吸道传播感染。

1. 症状和病变

根据病变发生的部位和症状不同，本病分为 4 种类型，即神经型、内脏型、眼型和皮肤型，有时混合发生。

（1）神经型主要见于 3～4 月龄的鸡。主要侵害外周神经，最常侵害的是坐骨神经，病鸡呈现一只脚或两只脚不全麻痹，步态不稳，再发展至完全麻痹，不能行走，蹲伏于地上，呈现特征性的“劈叉势”，即一只脚前伸，一只脚后伸。如果臂神经受害，则发生翅下垂；颈部神经受害，发生头下垂；迷走神经受害，失声、嗉囊扩张和引起呼吸困难；腹神经受害，有拉稀症状。

（2）内脏型临床上最常见，常见于 50~70 日龄的鸡，危害也最大，病死率高。表现精神萎顿，羽毛蓬乱，采食减少，鸡冠和肉髯苍白或萎缩，渐进性消瘦，下痢，体质极度虚弱，病程较长，最后因衰竭而死亡。

（3）眼型发生于一眼或两眼，虹膜的正常色素消失，呈现同心环状或斑点状以至弥漫性的灰白色；瞳孔边缘不整齐，严重时瞳孔只留下一个针尖大的小孔，视力模糊或丧失。因此也称为“灰眼病”或“白眼病”或“银眼病”。

（4）皮肤型较少见，主要表现为皮表羽毛囊肿胀，毛囊周围形成大小不等的肿瘤结节，多在宰后发现。

常见的病变是外周神经病变，受害的神经粗大，比正常粗 2～3 倍以上，黄白色或灰白色，横纹消失，以腹腔神经丛、前肠系膜神经丛、臂神经丛、坐骨神经丛和内脏大神经最常见。病变常只侵害一侧，可与对侧神经比较，有助于诊断。

最常被侵害的内脏器官是卵巢，其次为肾、脾、肝、心、肺、胰、肠系膜、腺胃和肠道。肌肉和皮肤也可受害。在上述器官和组织中可见大小不等的肿瘤块，灰白色，质地坚硬而致密，有时肿瘤呈弥漫性，使整个器官变得很大。除法氏囊外，内脏的眼观变化很难与禽白血病等其他肿瘤病相区别，表中为鸡马立克氏病和淋巴性白血病的鉴别要点。法氏囊通常萎缩，极少数情况下发生弥漫性增厚的肿瘤变化。皮肤病变常与羽毛囊有关，但不限于羽毛囊，病变可融合成片，呈现清晰的白色结节，在拔毛后的胴体尤为明显。

2.防制

在育雏前要严格消毒育雏室，以防雏鸡感染。并于雏鸡出壳后24小时以内接种疫苗。疫苗有鸡马立克氏病火鸡疱疹病毒活疫苗（HVT），经稀释后颈部皮下注射0.2毫升，14天后产生免疫力，免疫期可持续12个月；鸡马立克氏病Ⅰ型（CVI_{988}/Rispens）活疫苗，液氮保存（－196℃），经稀释后皮下注射0.2毫升，一周后产生免疫力，免疫期18个月。

表　马立克氏病和淋巴性白血病的鉴别要点

病名	马立克氏病	淋巴性白血病
发病年龄	4周龄以上	16周龄以上
麻痹或不全麻痹	经常出现	无
虹膜混浊	经常出现	极少
周围神经粗大	经常出现	无
皮肤、肌肉肿瘤	可能出现	无

禽沙门氏菌病

禽沙门氏菌病是由多种沙门氏菌引起禽类疾病的总称，包括鸡白痢、禽伤寒和禽副伤寒。其中以鸡白痢最常见，危害最大。

1.鸡白痢

鸡白痢是由鸡白痢沙门氏菌引起的传染病。主要见于2～3周龄的雏鸡，以排白色糊状粪便为特征。发病率和死亡率很高。成年鸡呈慢性或隐性感染或呈带菌状态。

(1)症状和病变

雏鸡多于出壳后3～4天开始发病，7～10天病雏增多，2～3周达到高峰。

最急性者，无明显症状突然死亡。

急性者表现精神萎顿，羽毛蓬乱，两翼下垂，昏睡，离群蹲伏。食欲废绝，进而腹泻，排白色糊状粪便，肛门周围羽毛被粪便污染，干结后影响排粪，病鸡常因疼痛发出叽叽的尖叫声。有些病鸡出现眼盲，或肢关节肿胀和跛行，亦可发生肺炎，出现呼吸困难。病程一般4～7天。病死率达40%～70%。耐过鸡成为带菌鸡，发育不良。中雏症状与幼雏相似，但腹泻明显，粪色不一，病程较长，病死率在10%～20%。

成年鸡多为隐性带菌，母鸡产蛋量下降或停止产蛋，受精率降低。少数病鸡也表现下痢，“垂腹”，最后因卵黄囊炎引起腹膜炎而死亡。

雏鸡的病理变化较多，在肝、心肌、脾、肺、肾、肌胃等器官有黄白色坏死灶或灰白色结节；胆囊充盈；输尿管充满白色尿酸盐，扩张变粗；盲肠中有干酪样物栓塞物阻塞肠腔；常见腹膜炎。几月龄内的雏鸡有出血性肺炎，肺有结节和灰白色肝变。

育成鸡肝肿大2～3倍，呈暗红或深紫色，有的略带土黄色，表面散在或弥漫小红色或黄白色坏死灶，质脆易碎。

成年鸡的病理变化主要是卵黄囊炎和腹膜炎。母鸡卵子变色，呈白色、灰白色、灰绿色；变形，大小不一，表面凹凸不平；变质，内容物为油脂样或干酪样。有的还有长短不一的卵蒂(柄状物)与卵巢相连，有的脱落，坠入腹腔，有的停留于输卵管内，引起阻塞，引起广泛性的腹膜炎和腹腔脏器粘连。公鸡睾丸肿大或缩小，有点状坏死灶，输精管闭塞。

（2）防制

目前此病尚无有效疫苗，针对养鸡各环节应采取综合性措施。

①孵化环节：挑选健康种蛋，种蛋应来自健康种鸡群。入孵前用福尔马林对种蛋、孵化器、孵化室等进行熏蒸消毒。

②育雏阶段：严格消毒育雏室。出壳后用0.01%高锰酸钾溶液饮水1~2天。在2~3周龄时用抗菌药物（氟哌酸、环丙沙星、庆大霉素等）饮水或拌饲，剂量为治疗量的一半。为防止长期应用单一的药物预防引起耐药菌株的出现，应将药物交替使用。

③成年种鸡：每年定期检疫，检出的阳性鸡淘汰处理，使鸡群逐步净化。

④治疗：用药前最好做药物敏感试验，选择最敏感的药物可收到更好的效果。

2.禽伤寒

鸡伤寒是由鸡伤寒沙门氏菌引起的传染病。主要见于中成鸡和成年鸡。特征是黄绿色腹泻，肝脏肿大。

（1）病状和病变

潜伏期4~5天，雏鸡感染后症状和病变与鸡白痢相似。急性者突然停食，精神萎顿，羽毛松乱，冠和肉髯暗紫色或呈苍白皱缩，排黄绿色稀粪，体温升高，一般经5~10天死亡，有的可迅速死亡。病死率达10%~50%。亚急性或慢性病例，食欲减退，生长发育不良，腹泻，病死率较低，耐过者长期带菌。

雏鸡病变与鸡白痢相似。成年鸡最急性型眼观变化不明显，亚急性型和慢性型病变具有特征性，肝脏肿大，呈青铜色，表面有粟粒大、灰白色坏死灶。卵子及腹腔病变与鸡白痢相同。

（2）防制参照鸡白痢。

鸡大肠杆菌病

1. 症状和病变

由于细菌侵害的部位不同和鸡体抵抗力不同，临床症状和病理变化有所不同，有以下八种情况。

（1）大肠杆菌急性败血症。常在应激极严重的情况下发生。受感染的鸡突然死亡，死亡鸡多为营养良好的鸡（肌肉丰满，嗉囊内充盈）。剖检，一般无明显病变，有的可见肝脏呈铜绿色，脾肿大，胸肌出血。有时可引心包炎，心包膜附有多量灰白色纤维蛋白，心包腔内充满淡黄色纤维素性渗出液。并发肝周炎，肝浆膜上有一层白色纤维蛋白膜覆盖，剥脱，肝呈紫褐色。

（2）死胎、初生雏败血症及脐炎。由于幼雏脐孔不能正常愈合，由内源性带菌或外源性污染的种蛋在孵化过程中细菌大量繁殖，引起感染。多数胎儿在孵化后期或出壳前死亡；有的在出壳后2～3天内发生败血症死亡；有的病雏腹部膨胀，脐炎，卵黄吸收不良；有的还发生腹膜炎。死亡率达10%～12%。注意：葡萄球菌和沙门氏菌感染也可引起脐炎。

（3）气囊炎。常为继发感染所致，鸡群感染新城疫、传染性支气管炎、支原体或接种这些病的疫苗时，造成呼吸道损伤，大肠杆菌趁机侵入，并在气囊增殖。主要发生于5～12周龄的肉鸡，多以6～9周龄为发病高峰期。病鸡表现呼吸困难和咳嗽等症状。死亡率为8%～10%。剖检，气囊膜增厚、混浊，严重者囊腔内有白色或淡黄色干酪样渗出物，也可出现心包炎、肝周炎以及输卵管炎，在输卵管内出现淡黄色干酪样渗出物。

（4）卵黄性腹膜炎和输卵管炎。主要发生于产蛋期的母鸡，采食减少，鸡冠萎缩，肛门周围羽毛上粘着蛋白或蛋黄状物质，产蛋量锐减或停产。死亡率时高时低，与气候变化和治疗情况有关。多见于管理差，环境污染严重的鸡场。剖检，打开腹腔便会闻到一股腥臭味，并积有多量的卵黄状物，卵子变形，呈灰色、褐色，有的卵子脱落于腹腔，蛋黄液广泛分布于肠系膜表面，使肠系膜发生炎症，肠道互相粘连，病程稍长的在腹腔器官及肠系膜上有纤维蛋白物附着，卵黄凝固成块状，沉积于腹腔中后部。输卵管膨大，黏膜出血，壁变薄，管内有条索状的干酪样物质。

（5）出血性肠炎。主要病变在消化道，特别是小肠黏膜充血、出血，严重时在浆膜可见到出血点，肠道内容物稀薄，并混有黏液性、血性物。

（6）大肠杆菌肉芽肿。生前无特征症状，病鸡主要表现消瘦，衰弱。主要病变在肝、十二指肠、盲肠、肠系膜等部位出现肉芽肿结节，针头大至核桃大，灰白色，外观与鸡马立克氏病的肿瘤结节相似。

（7）全眼球炎。鸡舍内空气中大肠杆菌密度过高，雏鸡感染引起眼球炎，呈单侧性或双侧性，开始可见眼睑肿胀、闭合、突出、眼内积脓液或干酪样物，角膜浑浊，后期失明。

（8）大肠杆菌关节炎和滑膜炎。幼雏和中雏感染后取慢性经过的一种病型。腿关节肿胀，跛行或卧地。关节液混浊，关节腔内有脓性或干酪样渗出物，滑膜增厚。大肠杆菌病在多数情况下为继发性疾病，与原发疾病的症状混杂在一起，症状出现多样化和复杂化，本病没有特征性症状，在诊断中应注意与其他疾病相鉴别。

2.防制

加强种鸡饲养管理是预防本病的关键。大肠杆菌病是一种条件性疾病，在良好的饲养管理条件下，可以不发生或少发生。重视种蛋孵化前的消毒、孵化室和孵化设备的消毒，平时用百毒杀、威岛或过氧乙酸等坚持带鸡消毒。

对于发病的鸡场，如果药物一时难以控制，可以考虑接种疫苗，用本场分离的菌株制成大肠杆菌多价油苗，能有效防制本病的发生。种鸡于开产前接种疫苗后，在产蛋期大肠杆菌病发病较少，种蛋受精率、孵化率都能提高，初生雏发病率也能降低。

在使用药物前最好做药物敏感试验，以便获得理想的治疗效果。高敏药物有庆大霉素、丁胺卡那霉素、新霉素、环丙沙星、恩诺沙星、氧氟沙星等，但这不是固定不变的，同一种药在甲场可能为高敏药物，在乙场可能为中敏或低敏药物，而且大肠杆菌极易产生抗药性。值得注意的是，20日龄以上的鸡单纯发生大肠杆菌病者较少，常与某些病原体混合感染，所以在确诊的基础上还要选择对另一种病原体有效的药物治疗。若有发病的诱因存在，应注意消除诱因，以提高治疗效果。

用药原则：初次投药时一定要达到治疗量，一个疗程后，鸡群即使停止死亡，也要在停药2～3天后再使用一个疗程，以防复发。慢性病例的鸡群，要周期性给药。发病期间在日粮中可增添维生素A、维生素E、维生素C来增强机体抵抗力，从而减少死亡。

鸡球虫病

鸡艾美耳球虫病简称鸡球虫病，是由艾美耳属的多种球虫寄生于鸡的肠黏膜上皮细胞内引起的疾病。主要危害雏鸡，雏鸡感染率可达80%～100%，死亡率为20%～50%，有时达80%，成年鸡常常带虫。主要特征是消瘦、贫血和血痢。

鸡艾美耳球虫有9种，其中致病力最强、危害最大的是柔嫩艾美耳球虫，寄生于盲肠，又称盲肠型球虫；其次为毒害艾美耳球虫，寄生于小肠，又称小肠型球虫。

病鸡和带虫鸡是感染来源。球虫病耐过鸡长期带虫，排卵囊的时间可持续7个月之久。鸡通过食入被卵囊污染的饲料或饮水而感染。主要感染3月龄以内的雏鸡，发病的最早日龄为12日龄，最晚为82日龄。气候温暖多雨、鸡舍阴暗潮湿、雏鸡拥挤、饲料品质差及缺乏维生素A和维生素K、卫生条件不良时，都容易促进球虫病的发生和流行。北方地区多发生在4～9月份，7～8月份为高峰期。南方各地一年四季均可发生。

1. 症状和病变

（1）盲肠型球虫病：初期雏鸡精神不振，羽毛蓬乱，缩头闭眼、呆立，采食减少；进一步发展，不吃，饮水增加，嗉囊内充满液体，下痢，血便，甚至拉鲜血，迅速消瘦，贫血，鸡冠苍白。多取死亡转归，病程为1～3周。

剖检，盲肠高度肿胀变粗，肠腔内容物干硬，混有血液，有时血液充满整个肠腔，盲肠壁肥厚、黏膜出血，呈棕红色，如腊肠状。

（2）小肠型球虫病：食欲常期不振，间歇性下痢，有时血便，但不拉鲜血。逐渐消瘦、贫血。成年鸡多为带虫者，增重和产蛋量有影响。病程1～2个月。

剖检，小肠粗大，紫红色，肠腔扩张，肠腔内有多量黄色黏液和麸皮样纤维素，肠壁肥厚，有时有出血斑点和灰白色粟粒状结节。

2. 防制

该病治疗非常被动，重在预防。包括

一般性预防措施和药物预防以及虫苗免疫，三者综合应用。

（1）一般性预防措施：雏鸡和成年鸡分开饲养；及时清理粪便，保持鸡舍清洁、干燥，通分良好，光照充足，避免拥挤。针对雏鸡应给予富于营养的饲料，特别要保证蛋白质和维生素A以及维生素K的需要量。

（2）药物预防：球虫药物种类繁多，作用机理不尽相同，应合理地选择球虫药。一种抗球虫药在应用一定时期后，能形成抗药性，降低对球虫的作用，应做到有计划的更换，这样才有可能达到预防的目的。

球虫药多混在饲料中饲喂，用药时必须与饲料混合均匀，以防药物中毒。

（3）虫苗免疫：有单价苗、三价苗、四价苗等，于4～14日龄饮水免疫。